意大利经典食材

探索意大利美食艺术的真谛

意大利百味来烹饪学院　著　严兴霞　译

北京出版集团公司
北京美术摄影出版社

图书在版编目（CIP）数据

意大利经典食材：探索意大利美食艺术的真谛 / 意
大利百味来烹饪学院著；严兴霞译. — 北京：北京美
术摄影出版社，2018.8
　　书名原文：Italian Essentials
　　ISBN 978-7-5592-0103-4

　　Ⅰ．①意… Ⅱ．①意… ②严… Ⅲ．①食谱－意大利
Ⅳ．①TS972.185.46

中国版本图书馆CIP数据核字（2018）第003673号

北京市版权局著作权合同登记号：01-2017-0850

责任编辑：董维东
助理编辑：杨　洁
责任印制：彭军芳

意大利经典食材
探索意大利美食艺术的真谛
YIDALI JINGDIAN SHICAI
意大利百味来烹饪学院　著　严兴霞　译

出　版　北京出版集团公司
　　　　北京美术摄影出版社
地　址　北京北三环中路6号
邮　编　100120
网　址　www.bph.com.cn
总发行　北京出版集团公司
发　行　京版北美（北京）文化艺术传媒有限公司
经　销　新华书店
印　刷　北京汇瑞嘉合文化发展有限公司
版印次　2018年8月第1版第1次印刷
开　本　787毫米×1092毫米　1/8
印　张　32.5
字　数　230千字
书　号　ISBN 978-7-5592-0103-4
定　价　198.00元

如有印装质量问题，由本社负责调换
质量监督电话　010-58572393

编 辑

意大利百味来烹饪学院

项目编辑：VALERIA MANFERTO DE FABIANIS

助理编辑：LAURA ACCOMAZZO

前 言

GIANLUIGI ZENTI

正 文

MARIAGRAIA VILLA

食谱提供

MARIO GRAZIA（厨师）

摄 影

ALBERTO ROSSI

MARIO GRAZIA（厨师）

MARIO STROLLO（厨师）

LUCA ZANGA（厨师）

图片排版

VALENTINA GIAMMARINARO

意大利百味来烹饪学院编辑委员会

CHATO MORANDI

ILARIA ROSSI

LEANNE KOSINSKI

目 录

站在巨人的肩膀上

那些带有意大利传统风味的特色产品就像巨人一样，烹饪传统正因为它们的存在而逐渐形成并发展起来。真正优秀的产品在我们每次使用时都会给我们以新的启发和灵感，而且自身也在与时俱进。它们的高度不断赋予我们以新知，将我们对美食文化传统的认知提升到一种无法想象的高度。

在这本书中，我们精心挑选了 40 种特色食品，它们当中有帕尔玛火腿、布龙泰开心果和皮埃蒙特榛果等闻名于世的食品，也有像克雷莫纳芥末或韦尔切利比耶拉大米这样虽在意大利以外的地方不知名却同样优质、独特的食品。我们认为这些食品在历史、文化及烹饪方面都具有很重要的价值。这些食品引领我们探索、寻找它们起源的地理区域，品尝那些或传统或创新的食谱。它们将自身的特色在这些食谱中发挥得淋漓尽致。例如，阿尔塔姆拉脆皮面包，这是一种使用烧柴火的烤箱做出来的面包，可以搭配一种美味的豆奶油酱和普利亚美食中常用的菊苣食用。还有佩科里诺罗马诺奶酪，它能让一块小小的可颂拥有更丰富的味道，也能使以春季新鲜的洋蓟为主要食材、用薄荷调味的洋蓟沙拉散发出独特的香气和味道。

意大利百味来烹饪学院（Academia Barilla）成立于 2004 年，旨在向全世界传播意大利美食。该协会长久以来致力于保护和推广意大利优质特色食品、烹饪手艺人的制作工艺及传统实践的成果。这些特色食品是意大利传统美食的集中体现，而且与发源地有非常密切的联系，它们有的因鲜为人知且不方便出口等原因没有在其他国家流行开来，有的如帕尔玛奶酪这般闻名遐迩，只是但凡知名的东西，市场上就会出现很多假冒伪劣产品，欧洲以外的市场尤甚。

我们希望这本书能够帮助外界进一步认识这些我们的饮食文化赖以生存的"巨人"。站在它们的肩膀上，我们才能品尝到真正的意大利美食，并且展望其未来发展。最重要的是，我们能够不断改善人们的生活质量。Giulio Rengade 于 1887 年著有一本书，该书现存于百味来美食图书馆。正如他在书中所写：爱情、家庭和食物是幸福三要素。

意大利百味来烹饪学院院长

Gianluigi Zenti

意大利——优质特色产品的缔造者

卓越不是一种行为，而是一种习惯。

——亚里士多德

意大利是一个美食马赛克。这个马赛克上的每一块瓷砖都在讲述有关于卓越的故事：关于得天独厚的地理环境的故事、关于绝佳品质的原材料的故事、关于丰富的传统知识供人们研究和创新的故事，以及久经时间考验的生产经验和高效的传播机制。这些有关卓越的故事，直至今日仍在不断完善，但与其说它是一种偶然的行为，不如说是几个世纪，甚至几千年里逐渐形成的良好习惯。

在这个马赛克上，不但每一片瓷砖因其独特的光彩而熠熠生辉，某些瓷砖甚至绘制了从土壤到其农业属性的壮观的口味路线，先由生长的那片土地及其农业属性赋予它们以独特的自然味道，然后搭配某个国家、城市、省份或某一地区诸如开胃菜、甜点等典型的特色菜肴，融合散发出令人难以忘怀的味道。不仅如此，它们还体现出人们的生活态度，其中一个形象生动的意大利式生活态度就是：带着愉快的心情围坐在餐桌前，享受生活和美好的事物。

一千零一种特色食品

奶酪、肉食、鱼、谷物、油、醋、香料、蜂蜜、蔬菜、水果、豆类、面包、甜品。若将某些看似不太重要的种类和即使在全球化时代仍然小范围流行且几乎从未跳出其产区范围的本地化种类考虑在内，典型的意大利食品真可谓不计其数。很多国家都有其独特的本国美食，而每一种都根据其地理位置的不同而与众不同，每一种烹饪方式都有它使用的特色产品、烹饪技巧和食谱，这是不同文化、不同地貌以及不同人群造就的成果。

许多食品不仅通过了欧盟的原产地名称保护认证（意大利语 Denominazione di Origine Protetta，缩写 D.O.P.），获得了质量认证，还拥有地理标志受保护标识（意大利语 Indicazione Geografica Protetta，缩写 I.G.P.）。这两个标识保证了这些当地特色产品的正宗性，确保它们是按照一定的生产条例生产加工而成，由此保护消费者和厂家在意大利境内和境外不受假冒伪劣产品的损害。如果有其他的小众产品（Niche Food，也译为利基产品，意为少为人所知但有商机或发展潜力的产品），虽然不具备成为 D.O.P. 或 I.G.P. 产品的特征，但具备文化历史特色且其生产制作在某个特定的区域完成，则被收录在由意大利国家农业、食品、林业部维护的传统区域性食

品（意大利语 Prodotti Agroalimentari Tradizionali，缩写 P.A.T.）列表中。

原产地名称保护（D.O.P.）

从阿尔卑斯的瓦莱达奥斯塔高原风味的餐食到利古里亚的海洋山川风味，从托斯卡纳的纯粹味道到普利亚区的乡野气息，意大利有很多产品拥有原产地名称保护标识。它是由欧盟为农产品或食品颁发的一项认证，标志着对产品原产地名称的法律保护。这些农产品或食品的特征基本或完全依赖于特定的地理环境，包括影响气候和环境问题的自然因素，以及随时间推移留传下来的人工生产技术、工艺方法以及制备、加工或生产的诀窍。原产地名称保护标识被贴在产品上，黄色背景上用红色字体标明这些独特的食品只能来自某个特定的产区，那些来自其他地区的，即便是来自离原产地几千米处的食品也不具备与其同等的品质。

当然，一种产品要想从原产地名称保护认证中获益，生产过程的每个阶段必须符合《生产条例》规定的标准，而且还要有一个专门的监测机构确保并证明其严格遵守了这些规定，这样的监测机构通常是由意大利国家农业、食品、林业部授权的联合企业。

地理标志保护（I.G.P.）

从西西里岛的地中海风味，到撒丁岛的远古风味，再到坎帕尼亚的贵族菜肴，还有弗留利 - 威尼斯朱利亚（意大利语 Friuli Venezia Giulia）介于意大利和中欧、东欧之间的异邦风味，沿着意大利半岛，许多产品都被烙上了"地理标志受保护"的印记。这可以说是原产地名称保护的"姊妹"，它使用由欧盟颁发给农产品或食品的原产地商标，这些产品特定的质量、声誉以及其他特征皆归因于一个特定的产地，而且其生产、加工和准备过程在特定的产区发生。

地理标志保护标识与原产地名称保护标识相同，但是背景为黄色，字体为蓝色。一种产品要想获得地理标志受保护认证，其生产周期的每个阶段必须遵守《生产条例》的相关规定，而且要有一个专门的管控机构在消费者和厂家之间确保其严格遵守了这些规定，这样的监测机构通常是由意大利国家农业、食品、林业部授权的联合企业。

传统区域性食品（P.A.T.）

阿布鲁佐的意式肉肠（又译摩泰台拉香肠）、波里诺的羽扇豆、罗马涅的奶酪、拉齐奥的松子、瓦尔泰利纳的长形荞麦意面、皮埃蒙特的巧克力榛子酱……这只是传统区域性食品众多种类当中的冰山一角。即使在当今时代，这些食品的加工和生产还依照古老传统的方法，它们被收录在由意大利农业、食品、林业部与多个地区共同制备并定期更新的列表中。

要想被收录在这个列表中（按地区划分，在每个地区又分为多种不同的食品种类），某个产品的制成必须采用老一辈经年累月建立并留下来的加工、存储、熟成方法，这些方法必须适用于整个地区，而且流行了不少于 25 年的时间。有些限量生产或仅限于某些偏僻地区的小众产品，不具备原产地名称保护或地理标志保护认证资格的，也被收录在该类别中。

然而，也有一些产品因为当前正在计划获得欧盟的认证，并且很快将获得与特定产区相关的质量认证标识，被收录在传统区域性食品列表中。相反地，在这一列表中，也有一些产品本身很特别，如今已濒临灭绝，比如梵尔卡莫尼卡地区的"Rosa Camuna"奶酪或特雷维的西芹。然而无论如何，它们是一种千百年来遗留下来的不朽的物质文化的载体，我们应当如保护一幅壁画或一座有历史意义的小剧院一般细心地保护它们。

百味来的选择

意大利百味来烹饪学院是一个致力于传播意大利美食的国际机构，为写作本书，意大利百味来烹饪学院从意大利众多的精华菜式中挑选了 40 种经典食材并推荐了相应食谱。毫无疑问，这些具有代表性的食品赋予了意大利菜肴饱受世界各地赞誉的味道和芳香，还有更多无法在此一一列举，我们只要想想意大利的 600 多种奶酪和 370 多种香肠就可知其规模了。

本书选择了跨越南北、覆盖中原地区和岛屿的特色食品，希望尽可能地展现意大利烹饪马赛克的流光溢彩。从摩德纳传统香脂醋到拉奎拉藏红花，从塞塔拉鳀鱼汁到阿马特里切烟熏猪脸肉，从帕尔玛奶酪到诺尔恰卡斯特鲁奇奥扁豆，从阿尔巴白松露到特雷维索菊苣……通过实践这 80 道美味的食谱，我们经历了一场不同寻常的味道之旅，深入体会意大利菜肴的真谛。这些食谱或许是传统方法，或许被赋予了新的诠释，但总体上都是用历经时间考验、饱受赞誉的特色产品制作而成。

摩德纳传统香脂醋D.O.P.
（又译摩德纳巴萨米克醋D.O.P.）
Traditional Balsamic Vinegar of Modena D.O.P.

这是个很棒的礼物。1792 年，埃尔科莱三世·德·艾斯特公爵将一瓶香脂醋作为礼物送给了奥地利的法兰西一世。这可不是随便为了某个场合送出的，而是特意为了祝贺法兰西一世的君主加冕礼。故此，早从文艺复兴时期开始，摩德纳生产的香脂醋就成了当地名门望族可以分配继承的遗产，成了贵族阶层中妻子的最好嫁妆，也成了欧洲赫赫有名的皇室瑰宝。

摩德纳传统香脂醋也许是从古罗马时代就已扎根于这一地区，如今已闻名于世。自 2000 年开始，这个历史悠久且带有贵族色彩的产品就享受着原产地名称保护的认证，并由同名的联合企业做担保，在确保其产品质量的同时促进这项文化遗产的推广。

摩德纳葡萄的特性、未发酵的葡萄汁的制作技巧、制作过程中的反复照看以及必不可少的耐心，赋予了这种传统的香脂醋一种非同寻常的品质（不要和有地理标志保护标识的摩德纳传统香脂醋混淆了，后者更适用于日常生活）。

首先，必须在摩德纳当地挑选最甜的葡萄；然后进行温和的压榨，在直接加热的环境压力下煮熟，达到适当的浓度、味道和香味；冷却后存放在"大号木桶"里，发酵、变酸。一次所制之量就是一整年的储备，需要至少 5 个木桶，通常会选用不同木材的木桶（因为每一种木材都会赋予香脂醋与众不同的特性：栗树木可以使色泽更深，桑树木有助于快速浓缩，杜松木产生树脂提取物，樱桃木让味道变甜，橡木则释放出一种独特的香草味）。随着时间的推移，葡萄汁的体积会逐渐变小，直至最终制作完成。陈化完成后，这种香脂醋被赠予联合企业。陈化至少需要 12 年，才能称之为"精酿"；如果经过了 25 年的陈化，则被称为"特陈"。如果经过专业品鉴师委员会的批准，就会被装在 1000 毫升的标准玻璃瓶中，这意味着玻璃瓶中的产品已经通过了《生产条例》的各项检验。

摩德纳传统香脂醋最好购买原味的，只需要几滴就可以增添菜肴的香气和味道。它和帕尔玛奶酪以及草莓一起享用真是绝佳，放入橄榄油拌的沙拉里也很美味，和烤肉、煮熟的肉也是非常完美的搭配。

注：本节后面的两个食谱所用香醋均为经过原产地名称保护认证的摩德纳传统香脂醋。

摩德纳传统香脂醋佐帕尔玛火腿包琵琶鱼

Angler-fish Wrapped in Prosciutto di Parma D.O.P.
with Traditional Balsamic Vinegar of Modena D.O.P.

做法：

1. 仔细清洗琵琶鱼，用刀去除鱼皮及两片鱼柳当中的脊骨。将鱼柳切成 5~6 厘米厚的薄片，用盐和胡椒粉调味，最后用切片的帕尔玛火腿包起来。

2. 特级初榨橄榄油入锅加热，煎鱼片，然后在 180℃的高温下烘烤 6~7 分钟。

3. 装盘时佐以几簇摘洗干净并用油炒过的莴苣缬草，在帕尔玛火腿卷的琵琶鱼上淋几滴摩德纳传统香脂醋。

操作难度： 低

准备时间： 20 分钟

烹饪时间： 6~7 分钟

分量： 4 人份

琵琶鱼 350 克
切片帕尔玛火腿 60 克
特级初榨橄榄油 20 毫升
摩德纳传统香脂醋适量
莴苣缬草 30 克
调味盐和胡椒粉适量

摩德纳传统香脂醋佐猪网油烹饪猪里脊肉

Pork Tenderloin Cooked in Caul Fat

with Traditional Balsamic Vinegar of Modena D.O.P.

做法：

1. 将西梅干放入白兰地中浸泡 10 分钟，使之充分渗透。

2. 在流动的自来水下冲洗猪网油，洗完切为 4 块。

3. 猪里脊肉切成 4 片，用盐和胡椒粉调味腌制，用刀尖在每片里脊肉中心位置划个小口。

4. 每片猪里脊肉里塞一个西梅干（留存白兰地），先用切片科隆纳塔盐渍肥猪肉把猪里脊肉片包裹起来，再用猪网油包好。

5. 放入加了橄榄油和黄油的平底锅中，两面各煎制几分钟使之变成褐色。

6. 放进烤盘，加入大蒜、鼠尾草、迷迭香，在 180~200℃的温度下烘烤约 10 分钟（根据预计的烹饪程度增加或减少烹饪时间）。

7. 把平底锅里多余的肥肉取出，在锅里浇白兰地点燃，使酒精蒸发，再用一点儿高汤（或清水）润湿，尽量减少料理过程中煮出来的汤汁的量即可。

8. 如有必要，用少许水溶解玉米淀粉，使酱汁变浓稠。酱汁里加入几滴摩德纳香脂醋调味。

9. 把调好的酱汁浇在猪里脊肉片上装盘，趁热上桌。

操作难度： 中

准备时间： 30 分钟

烹饪时间： 10~15 分钟

分量： 4 人份

猪里脊肉 400 克

猪网油 100 克

白兰地 40 毫升

切片科隆纳塔盐渍肥猪肉 30 克

去核西梅干 4 个

特级初榨橄榄油 20 毫升

黄油 20 克

大蒜 1 瓣

鼠尾草适量

迷迭香适量

摩德纳传统香脂醋适量

玉米淀粉少许

高汤（或清水）适量

调味盐和胡椒粉适量

西西里血橙I.G.P.

Arancia Rossa di Sicilia I.G.P.

血橙汁是非常有益健康的果汁。自阿拉伯人于9—11世纪将其引入意大利西西里岛并建设了数不胜数的柑橘果园后，这里的血橙已经成为该岛农产品中的荣誉产品之一。尽管人们在19世纪后才掌握了这种彩色水果的栽培方法，但古希腊神话《赫斯珀洛斯姐妹的花园》（*The Garden of the Hesperides*）中对此已早有记载。而且，如今这些方法已经随着越来越多的柑橘园的出现而变得系统化。

西西里岛东部城市比较适合血橙生长，主要产地包括卡塔尼亚、恩纳、拉古萨以及锡拉库萨。当地血橙的品质受到地理标志保护认证的保障，且由同名的联合企业做担保，依据《生产条例》的规定，确保其产品质量并保护其原产地，在保护产品颜色、味道、香气等感官特性的同时保护好相应的文化传统。

虽然被叫作"西西里血橙"，实际上这个血橙家族中却有三种不同的品种：塔罗科血橙、摩洛血橙和桑吉耐劳血橙。它们都是球形或卵形，但是橙皮和橙肉的颜色却不尽相同：塔罗科血橙，橙皮是橘红色的，上面有宝石红的斑点，带有条纹的橘黄色果肉，其色泽饱和度因收获时间的不同而不同；摩洛血橙，有一面橙皮呈暗色调的橘黄色，完全成熟的果肉则呈酒红色；桑吉耐劳血橙，橙皮为橘黄带红，橙肉呈橘黄色，有红色条纹。

西西里血橙热量低，水分含量高达约87%，几乎不含脂肪、糖、蛋白质，却富含丰富的矿物质，比如钙、磷、铁、硒及多种维生素，特别是维生素C、维生素A、维生素B_1、维生素B_2等。毫无疑问，它绝对是一种健康水果。在保持身材方面，它也是大家公认的很给力的盟友，而且在冬季的寒冷天气中，它还能够帮助改善身体免疫系统的反应能力。

在厨房中，西西里血橙的使用方法可谓多种多样。橙皮可以成片完整使用，也可以磨碎用于鱼的调味。橙子可以用砂糖腌制做成蜜饯，也可以榨成血橙汁佐餐为食谱增添独特的风味。当然，它也可以作为主要食材。具有代表性的西西里特色菜有橙子沙拉，热量低，美味可口。做法很简单：血橙剥了皮（剥掉外皮和白膜），切片，和黑橄榄、茴香以及切成薄片的洋葱等食材拌在一起，最后用橄榄油、盐和黑胡椒调味拌匀。

注：本节后面的两个食谱所用血橙均为经过地理标志保护认证的西西里血橙。

西西里血橙佐烤章鱼

Grilled Octopus with Arancia Rossa di Sicilia I.G.P.

做法：

1. 将橙子皮、柠檬皮磨碎待用，处理土豆时会用到。

2. 血橙去皮，去掉白膜，用刀划过橙子瓣和衬皮（皮和瓤之间），剥出完整的橙肉。

3. 用手将去皮后的血橙挤出汁，盛入碗里。

4. 橙子汁中加入盐、胡椒粉和橄榄油，用搅拌器拌匀，制成的酱汁稍后作为浇头用。

5. 纵向切下章鱼的触须，放在烤架上或倒入油的电热锅里，两面各烘烤几分钟。

6. 用盐和胡椒粉调味。

7. 土豆带皮煮熟、去皮，然后在一个开口较大的器皿中捣碎成泥。加入盐、胡椒粉、少许柠檬、几片墨角兰叶以及几滴橄榄油调味。

8. 借助圆形模具，把盘子里的土豆泥制成圆形，每块土豆泥上点缀一个章鱼须。

9. 点缀一小匙土豆泥、几片血橙，再洒一滴酱汁和几滴橄榄油，装盘上桌。

操作难度：中

准备时间：30 分钟

烹饪时间：4 分钟

分量： 4 人份

章鱼 200 克

西西里血橙 1 个

柠檬 1 个

特级初榨橄榄油 30 毫升

墨角兰叶几片

土豆 400 克

调味盐和胡椒粉适量

潘泰莱里亚帕赛托甜葡萄酒烹西西里血橙冻

Terrine of Arancia Rossa di Sicilia I.G.P.

with Passito di Pantelleria I.G.P.

做法：

1. 用刀将血橙去皮，剥去橙皮上附着的白膜。用刀划过橙子瓣和衬皮，剥出完整的橙肉。

2. 用手将去皮后的血橙挤出汁，盛入碗里。

3. 在蒸烤类模具里铺上塑料保鲜膜，填入血橙片和布龙泰开心果。

4. 在小炖锅中倒入橙汁，加入拌了白糖的琼脂粉。煮沸后搅拌，再继续煮 1 分钟。

5. 将锅离火，加入潘泰莱里亚帕赛托甜葡萄酒。混合后，缓缓倒入模具中，最后放入冰箱冷却至少 60 分钟，装盘。

操作难度： 低

准备时间： 30 分钟

冷却放置时间： 60 分钟

分量： 4~6 人份

西西里血橙 4 个

潘泰莱里亚帕赛托甜葡萄酒 230 毫升

白糖 50 克

琼脂粉 5 克

布龙泰开心果 10 克

热那亚罗勒D.O.P.
Basilico Genovese D.O.P.

　　它是介于高山和海洋之间的农业活动的象征；它出现于简单质朴的烹饪中，经过简单的加工就可以使其味道与众不同；它拥有几个世纪的历史，如今依然享有很高的知名度——它就是热那亚罗勒。得益于利古里亚天然的气候环境和传统的种植方法，那里盛产的罗勒被认为是世界上独一无二的。

　　古罗马人认为罗勒具有治疗作用，那时他们便把罗勒引入到利古里亚和地中海地区的多个区域。自19世纪温室种植被引入农业领域后，罗勒就成为热那亚的一种传统作物。罗勒自身的优良特性，加上当地有利的气候、充足的太阳能、良好的通风环境以及当地农民拥有的专业知识，使得罗勒种植推广到这一区域的整个沿海地区。就这样，罗勒在热那亚扎根，然后扩散到东部和西部地区。

　　种植热那亚罗勒可以在防护得当的封闭式环境中（如温室或隧道），也可以在开放的田野里。如今，它被公认为意大利烹饪中典型的芳香植物。自2005年以来，热那亚罗勒就一直是欧盟认证的原产地名称受保护产品，且由同名联合企业维护、提升和加强其特性的统一性和正宗性。热那亚罗勒的种植严格遵守《生产条例》，这不仅确保了它的高品质，而且为消费者提供了某种保障和质量控制的安全性。热那亚罗勒只能由认证系统内注册的公司在伊特鲁里亚种植，使用印有联合企业商标的食品包装纸包装产品，整株成束销售。

　　这种介于水果和蔬菜之间的产品有别于罗勒属的其他品种：它体积小，叶子呈浅绿色椭圆形，纹理柔软，有凸面，散发出一种很微妙的气味，但不是那种在世界上其他地方生长的品种中发现的薄荷味。

　　它是热那亚松子青酱中使用的基本食材。松子青酱（一种用罗勒叶、松子、干酪、蒜等调制而成的调味酱）是一种很好的意面酱，最初搭配利古里亚风味的意面，如意大利扁面条（一种窄的、细的、扁平且干燥的意大利面，主要流行于热那亚和利古里亚两大地区，且传统食用方式是搭配松子青酱食用）、特飞面（呈细棒形），后来也搭配佛卡西亚面包（一种意大利香草橄榄味的面包）、三明治、吐司和其他许多传统特色菜肴和创新菜肴。此外，热那亚罗勒是许多海鲜、肉类食谱中的主要食材，尤其在夏天它散发出一种辨识度非常高的香气时用得最多，它使菜肴闻上去更新鲜，也更刺激食欲。

注：本节后面的两个食谱所用罗勒均为经过原产地名称保护认证的热那亚罗勒。

热那亚罗勒松子青酱佐土豆青豆千层面

Lasagna with Pesto di Basilico Genovese D.O.P. with Potatoes and Green Beans

做法：

1. 把鸡蛋、菠菜泥掺进面粉，揉成光滑结实的面团。将面团用塑料保鲜膜包住，放入冰箱里冷藏 30 分钟。

2. 开始制作罗勒松子青酱，先把松子和大蒜放进搅拌器里搅匀。再加入热那亚罗勒叶（择洗干净且沥干水分）和橄榄油，搅拌均匀。加入 25 克帕尔玛奶酪，如有必要可再加少许橄榄油调整浓度。

3. 土豆去皮，切成方块。洗干净青豆，切成小块。在沸水中把土豆和青豆煮至有嚼劲，捞出来沥干水分。

4. 把面团从冰箱里取出，擀成约 1.5 毫米厚的薄片，然后切成长方形（约为 10 厘米 x 8 厘米）。把切好的宽面片放进加了盐的沸水中烫一下，一次放入少量，充分浸在水中 15 秒。捞出来沥干水分，冷却后放在碟子上。

5. 制作千层面。在烤盘底上依次加贝夏梅尔调味酱、罗勒松子青酱、青豆、土豆，上面铺上面片。按照这个顺序重复 3 次，叠加至 4 层。在最上面浇上一层贝夏梅尔调味酱并撒上剩下的帕尔玛奶酪。

6. 放入预热至 170℃ 的烤箱内，烘烤 20~25 分钟。

7. 从烤箱中取出干层面，放置 5 分钟后装盘食用。

操作难度： 高 ♧ ♧ ♧

准备时间： 60 分钟 🕐

烹饪时间： 20~25 分钟

分量： 4 人份

用于制作面团：

"00" 号面粉 200 克

鸡蛋 1 个

煮熟沥干的菠菜 60 克，打成泥

用于制作罗勒松子青酱：

热那亚罗勒叶 75 克

松子 25 克

帕尔玛奶酪 50 克

大蒜 1 瓣

特级初榨橄榄油 40 毫升

贝夏梅尔调味酱 560 毫升（详见 103 页）

土豆 100 克

青豆 50 克

热那亚罗勒雪葩配卡普里沙拉

Sweet Caprese with
Basilico Genovese D.O.P. Sherbert

做法：

1. 先制作雪葩。将蔗糖、葡萄糖粉、右旋糖和稳定剂混合在一起。然后倒入沸水，充分搅拌，直至温度达到 65℃。放凉后放在 4℃的环境中使之变得醇香。

2. 在步骤 1 中制成的混合物中加入洗干净并撕好的热那亚罗勒叶，用手动搅拌器搅成泥，然后倒入冰激凌机中，搅拌一定的时间（根据自家冰激凌机性能决定搅拌所需时间）。

3. 制作马苏里拉冰激凌。将全脂牛奶倒入炖锅，加热至 45℃。将糖、脱脂奶粉、右旋糖和稳定剂混合在一起。接着倒入全脂牛奶，加热至 85℃，然后迅速放凉至 4℃，保持这个温度 6 小时。加入小块的马苏里拉奶酪，用手动搅拌器充分搅拌，之后再把这些混合物倒入冰激凌机里搅拌，使之充分融合直到起泡且看起来干燥。

4. 制作番茄酱。把圣女果、糖和玉米淀粉混合在一起，加入柠檬汁，煮几分钟，然后放凉。

5. 制作香脂酯太妃糖浆。在小锅里加少许清水（145℃），放入糖煮至焦糖色。加入摩德纳传统香脂醋，用文火煨至浓浆状。

6. 在海绵蛋糕上面放上马苏里拉冰激凌和热那亚罗勒雪葩，淋一些番茄酱和香脂醋太妃糖浆，即制作完成。

操作难度： 中

准备时间： 60 分钟

静置时间： 6 小时

分量： 4 人份

用于制作热那亚罗勒雪葩：

清水 350 毫升

蔗糖 105 克

葡萄糖粉 40 克

右旋糖 7 克

稳定剂 3 克

热那亚罗勒 20 克

用于制作马苏里拉冰激凌：

全脂牛奶 145 毫升

糖 48 克

脱脂奶粉 5 克

右旋糖 3 克

稳定剂 4 克

马苏里拉奶酪 45 克

用于制作番茄酱：

新鲜的圣女果 250 克

糖 50 克

玉米淀粉 5 克

柠檬汁 4~5 滴

用于制作香脂醋太妃糖浆：

糖 50 克

清水 10 毫升

摩德纳传统香脂醋 50 毫升

用于成品：

海绵蛋糕 100 克，切块

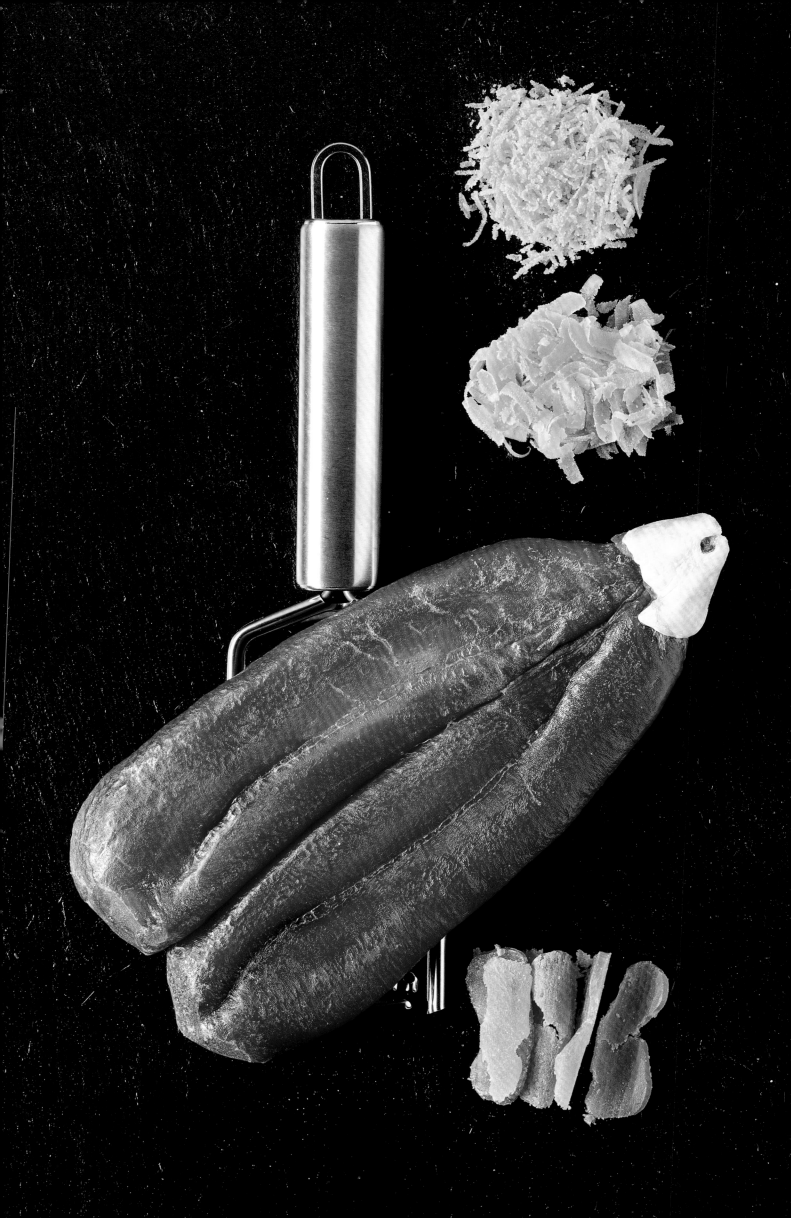

乌鱼子P.A.T.
Bottarga di Muggine P.A.T.

    乌鱼子可谓大海之精华，主要用于意大利传统美食中，为美味的意大利面调味。乌鱼子，顾名思义，是将乌鱼卵巢（乌鱼又称"黑鱼"）盐渍、风干后制成的食品。人们通常生吃乌鱼子，或将其斜切成薄片，洒上几滴特级初榨橄榄油，或配着黄油吐司一起食用；抑或磨成粉末，搭配其他菜肴，如乌鱼子末，有点像"鱼芝士"，配在各种菜肴、传统意大利面中，使其具有有一种独特的风味。

    这种鱼类加工食品盛产于意大利撒丁岛，主要以卡利亚里省、卡波尼亚-伊格莱西亚斯省以及奥利斯塔诺省为主。不过，尽管乌鱼子这个名字来源于阿拉伯语"Batarikh"（意为"咸鱼卵"），撒丁语方言中的"Butàgira"似乎与之恰有某种相似之处，但其源头也许要追溯到古老的腓尼基人时代。阿拉伯人以其精妙的烹饪艺术闻名于整个地中海地区，其中包括他们用盐腌制、风干鱼卵之后将其完好保存的方法。

    乌鱼子曾是终日在海中作业的渔民的饱腹餐食，如今成为餐桌上的一道佳肴。乌鱼子取自雌乌鱼的卵巢。取卵巢时要非常小心，避免撕破卵膜。取出后，在自来水下彻底冲洗鱼卵表面，去除杂质，然后用盐腌制数小时，腌制时间取决于鱼卵的重量和大小。将盐渍后的卵巢再次漂洗，洗掉残留的盐，最好放置在清洁的木板上风干、压制。当然，时间需根据当时天气状况而定。干燥处理几天，当触摸起来有一定的硬度时，说明乌鱼子已经制作完成了。人们会用适用于食品的真空袋将其包装，贴上标签。乌鱼子食用简单，味道鲜美，富含蛋白质，营养价值很高，已经被收录到意大利传统区域食品名录中。

    市面上销售的乌鱼子，有成腹的（完整的卵巢袋），也有磨成粉末的，味微苦，很咸，有点像杏仁粉的味道，颜色从金黄到深琥珀色不等。与金枪鱼子相比，乌鱼子颜色略浅，味道略淡，价值更高。所以，它被称为"地中海的鱼子酱"或"撒丁岛上的黄金"就不足为奇了。

注：本节后面的两个食谱所用乌鱼子均为意大利传统区域性食品中的乌鱼子。

乌鱼子炒虾仁佐脆皮面包

Sautéed Shrimp with Bottarga di Muggine P.A.T. on Carasau Bread

做法：

1. 将虾子仔细洗干净，摘除头尾，剥去虾壳。
2. 将番茄洗净、去皮，切成薄片。
3. 平底煎锅倒油加热，放入整颗去皮大蒜、辣椒爆香，放入虾仁并快速翻炒。将虾仁拨至煎锅内一边，另一边加入切好的番茄片和罗勒，然后加盐烹饪。
4. 烹饪几分钟后，把旁边的虾仁加进来拌匀，均匀铺在面包片上，最上面加乌鱼子碎末。

操作难度： 低

准备时间： 20 分钟

烹饪时间： 2 小时

分量： 4 人份

面包 2 片
熟透的番茄 300 克
虾子 28 尾
罗勒 1 束
大蒜 1 瓣
特级初榨橄榄油 30 毫升
乌鱼子碎末 60 克
辣椒适量
调味盐适量

乌鱼子意大利面

Bottarga di Muggine P.A.T. Spaghetti

做法：

1. 将洋蓟洗净，去掉最外层的叶子和刺。洗净洋蓟的秆茎，放入盛有水和柠檬汁的容器里腌渍。

2. 将蛤蜊仔细洗净，大煎锅里加入一大汤匙橄榄油加热，放入蛤蜊。盖上锅盖后放在炉火上。2~3 分钟后，蛤蜊壳张开，煸炒几下，离火。挑出蛤蜊壳，滤出煸炒过程中产生的汁水，放置一旁备用。

3. 洋蓟对半切开（如有必要也可将里面的细丝抽出），再切成薄片。

4. 将剩余橄榄油的一半倒入一个浅口煎锅里，中火加热，放入整瓣蒜瓣炒香。在蒜瓣颜色开始变深时把它拿出来。

5. 加入切好的洋蓟，煸炒，放入盐和胡椒粉。

6. 加入煸炒蛤蜊后滤出的汤汁，用中火烹饪几分钟。加入蛤蜊，同时将乌鱼子磨碎，放其中一半到锅里的食物中。

7. 同时，另一个锅中加入水和盐，水沸腾后煮意大利细面。面条煮至有嚼劲时，捞出来沥干。平底锅倒入剩下的橄榄油，放入煮好的意大利细面翻炒。

8. 将意大利细面装盘，最后撒上剩下的乌鱼子碎（或切成薄片的）。

9. 加入新鲜研磨的胡椒粉调味。

操作难度： 低

准备时间： 25 分钟

烹饪时间： 10 分钟

分量： 4 人份

意大利细面 350 克

洋蓟 2 个

蛤蜊 500 克

乌鱼子 60 克

特级初榨橄榄油 100 毫升

柠檬 1 个

大蒜 1 瓣

调味盐和胡椒粉适量

瓦尔泰利纳风干牛肉I.G.P.

Bresaola della Valtellina I.G.P.

瓦尔泰利纳风干牛肉不但美味可口,还是低热量食品。不过,最重要的一点在于它的独特性。瓦尔泰利纳风干牛肉集三个特点于一身:味道鲜美,营养丰富,热量低。它富含蛋白质和多种矿物质,特别是铁、锌、磷、钾及维生素B。作为一种低热量食品,它经常被用于搭配各种菜肴,为它们增添别致的风味,其中包括多种开胃小菜及主菜中的前两道菜。除了味道极其鲜美外,它的优势还在于作为保持身材的理想食物,它非常容易消化,甚至可以被灵活运用于所有烹饪中或加以创新。如此精致的美味,取自牛腿上最好的肉,用盐腌制风干制成,现已成为意大利家喻户晓且口碑载道的肉制品之一,甚至在瓦尔泰利纳这一特定产区之外的地方也是如此。

自 1996 年起,正宗的瓦尔泰利纳风干牛肉就一直享有地理标志受保护商标,只有伦巴第地区的桑治奥省有资质的厂家才可以使用此商标,而且他们在制作该产品时必须严格遵守《生产条例》的规定。瓦尔泰利纳联合企业很好地保护了它的原产地和正宗性,并对这种传统工艺给予了充分的尊重。除此之外,他们还努力在意大利和其他国家推广该产品,保护并不断提升产品的质量。

这一特定的产区位于意大利阿尔卑斯山脉的中心地带瓦尔泰利纳峡谷和瓦尔奇阿维纳峡谷,该地区悠久的历史文化传统使这里的风干牛肉独一无二。这两大峡谷地区常年低温,空气干燥。这样的地理环境也有利于人们仅使用少量的盐腌制就可以把牛肉长期保存下来,使其口感柔软而味道恰到好处。因此,这里得天独厚的空气条件和地理环境正是制成这种珍馐美馔的秘诀。此外,我们也不能忘了几个世纪以来这个地区沉淀下来的丰富的文化成果(有关瓦尔泰利纳风干牛肉的第一份书面记录要追溯到 15 世纪,尽管最早的腌肉比这个时间还早)。如此美味的瓦尔泰利纳风干牛肉,制作方法也很讲究:选用牛身上最上等的肉,运用熟练的修剪方法去掉不需要的部分,还要懂得在盐水中运用天然香料调和各种味道,这些在古老的秘方中都能找到根源。同时,在多个加工处理阶段还有许多注意事项,比如用盐腌制的时候要按摩牛肉使其充分入味,熟成阶段必须按照时间规划及时调整适宜的温度和湿度等。所有这些技巧都是当时留下来的财富,这种智慧经验已经成为沿用至今的真理,由父传子,世代相传,颇具职业精神。

注:本节后面的两个食谱所用风干牛肉均为受地理标志保护认证的瓦尔泰利纳风干牛肉。

用瓦尔泰利纳风干牛肉、柠檬饼干、山羊乳干酪、芝麻菜橄榄油做成的千层糕

Millefeuille with Bresaola della Valtellina I.G.P., Lemon Crackers, Goat Cheese and Arugula Oil

做法：

1. 将柠檬皮磨碎。面粉里加入少许盐、橄榄油、柠檬皮粉末和清水，在面板上将面揉成光滑结实的面团。

2. 把面团盖住，静置至少 15 分钟后擀成 0.5 毫米厚的面饼，然后折叠成 4 份。重复以上动作，再静置 15 分钟。

3. 烤箱预热至 50℃，放入切片的瓦尔泰利纳风干牛肉干燥处理 30 分钟，直到变脆。

4. 用汤匙把山羊乳干酪处理成奶油状，加入磨碎的柠檬皮。

5. 将芝麻菜洗净沥干，放入手动搅拌器里，用橄榄油调味，然后搅拌。

6. 把面团擀成做饼干用的薄片（厚度不超过 1 毫米），切成 6 厘米宽的正方形。烤盘里铺好蜡纸，摆上切好的面片。

7. 用叉子在面片表面戳些小孔，然后将其放入预热至 180℃ 的烤箱，烘烤 10~12 分钟后取出放凉。

8. 制作油酥千层糕。用糕点裱花袋将山羊乳干酪挤在饼干上，再放上切片的瓦尔泰利纳风干牛肉。依此顺序重复叠放。

9. 淋一滴芝麻菜橄榄油酱汁，即可上桌。

操作难度： 中

准备时间： 30 分钟

静置时间： 30 分钟

烹饪时间： 10~12 分钟

分量： 4 人份

用于制作饼干：

"00" 号面粉 125 克

特级初榨橄榄油 8 毫升

清水 70 毫升

柠檬半个

调味盐适量

用于制作馅料：

瓦尔泰利纳风干牛肉 8 片

新鲜山羊乳干酪 80 克

芝麻菜 10 克

特级初榨橄榄油 15 毫升

去皮柠檬 1 个

瓦尔泰利纳风干牛肉、比特奶酪和
土豆配意大利荞麦细宽面

Tagliolini Noodles with Buckwheat,
Bresaola della Valtellina I.G.P., Bitto and Potatoes

做法：

1. 混合面粉与荞麦粉，打入鸡蛋，揉成光滑结实的面团。用塑料保鲜膜裹住面团，放入冰箱冷藏 30 分钟。

2. 从冰箱里取出面团，用擀面棍或适当的器具擀成厚约 1 毫米的面片。然后切成 2 毫米宽的长面条，也就是典型的意大利细宽面。

3. 土豆去皮，切成 5~6 毫米的小丁。把瓦尔泰利纳风干牛肉切成条。清洗芝麻菜，粗略掰成小片。用磨碎机把比特奶酪磨碎。

4. 水里加盐煮沸，放入土豆，煮至有嚼劲时加入做好的面条，烹煮几分钟。

5. 同时，煎锅中倒入黄油，用中火将瓦尔泰利纳风干牛肉煎至褐色，但尚未变干，然后加入掰碎的芝麻菜。

6. 将土豆和面条的水沥干，盛入装有瓦尔泰利纳风干牛肉的盘子里，搅拌使之混合。

7. 装盘，撒上比特奶酪末。

操作难度： 中

准备时间： 40 分钟

烹饪时间： 2~3 分钟

分量： 4 人份

用于制作细宽面：

"00" 号面粉 100 克

荞麦粉 100 克

鸡蛋 2 个

用于制作浇头：

土豆 200 克

瓦尔泰利纳风干牛肉 100 克

芝麻菜 20 克

比特奶酪 40 克

黄油 40 克

调味盐适量

马背奶酪D.O.P.

Caciocavallo Silano D.O.P.

早在前500年，西方医药之父希波克拉底就第一次提到了马背奶酪（又译卡乔卡瓦洛干酪）。这是一种古老、典型的半硬质干酪，用意大利南部的拉伸型奶酪制作而成。尽管该产品于1996年就被欧洲共同体（欧盟前身）认定为原产地名称受保护产品，而且自1993年开始就由同名联合企业负责保护、增强和提升其独特性，其历史仍要追溯到远古时代。

欧共体授予的原产地名称受保护商标是一个单独的刻有字母的木质标签。马背奶酪采用新鲜全脂奶，按照《生产条例》规定的加工方法，也是意大利南部最好的奶酪制作传统方法制作而成。这种全脂奶取自养牛场里野外放养的奶牛，而且这些牛场必须是《生产条例》里列出的区域范围内的牛场（主要分布于亚平宁山脉南部部分地区的产区，汇集了巴斯利卡塔、卡拉布利亚、坎帕尼亚、莫利塞及普利亚几大区宜人的地理条件）。

加工马背奶酪时，人们往往用细绳把它们成双成对拴在木头上，水平放置，摆放在木火旁边烟熏老化。此外，它采用的是希拉高原祖祖辈辈传下来的传统加工工艺。马背奶酪因此得名。不同的厂家做出来的马背奶酪外形和重量略不相同，有的呈椭圆形，有的呈球形，有的呈水滴状或截锥形；有的有接头，有的没有。重量为1~2.5千克不等。它有一层浅黄色的外皮，又软又薄，熟成阶段罩上模子后，颜色也会变得越来越深。它外形光滑小巧、内在结实紧凑，表面有小孔，或白色或黄色，越靠里颜色越淡，而且随着老化越来越硬，形成鳞状，可以一块块剥下。一块新做好的嫩奶酪，在熟成阶段（一般放在地窖里熟成，少则一个月，多则几个月）会有沁人心脾的馥郁芬芳，入口味道醇厚，有甜味，夹杂一丝微妙的清淡风味。

鉴于以上这些特点，如果不是特别精制的马背奶酪，则可以放在烤架上烧烤，或者融化后为意大利南部的许多特色菜调味，比如比萨和经典的卡拉布里亚煎蛋卷。未完全熟成的马背奶酪是搭配面包、蔬菜以及清淡沙拉的不二选择。完全熟成的马背奶酪则非常适合将其磨碎，撒在菜肴上佐餐，或者为意大利面、羹汤或肉汤调味。

注：本节后面的两个食谱所用马背奶酪均为经过原产地名称保护认证的马背奶酪。

酱汁佐野生蘑菇马背奶酪咸派

*Caciocavallo Silano D.O.P. Quiche
and Wild Mushrooms in Two Sauces*

做法:

1. 将蘑菇洗净,切成 5 毫米厚的小丁。橄榄油倒入平底锅加热,放入蘑菇丁煸炒几分钟,同时加盐和胡椒粉调味。把蘑菇分成两份,其中一份用于制作酱汁。

2. 碗里打入 1 个鸡蛋,撒少许盐、现磨胡椒粉和马背奶酪。搅拌的同时加入融化后的黄油和啤酒酵母(用温水溶解过的)。将其与面粉、发酵粉混合,揉面。最后加入一份炒好的蘑菇丁。

3. 模具里提前涂抹黄油,撒上面包屑。把揉好的面团分成单人份,逐个填入烘焙模具(和用于做奶油焦糖的模具尺寸相仿,也可以用长方形模具),填入模具本身高度的一半即可。

4. 使面发酵,直到面团高高隆起,体积较之前大了一倍后,用刷子蘸些许蛋液轻轻刷在表面。

5. 烤箱预热至 180℃,如果是单人份,烘烤约 30 分钟;如果是大模具,烘烤 40 分钟。

6. 制作蘑菇酱。搅拌剩余的一份蘑菇丁成糊状,用蔬菜高汤调整稠度。

7. 制作马背奶酪酱。把奶油煮沸,融化奶酪小块,用小勺搅拌,就像搅拌融化奶油一样。

8. 将蘑菇酱和马背奶酪酱涂抹在咸派上食用。

操作难度: 低

准备时间: 90 分钟

烹饪时间: 40 分钟

分量: 4 人份

"00"号面粉 165 克
马背奶酪 75 克,切块
野生蘑菇 200 克
特级初榨橄榄油 10 毫升
黄油 35 克,额外准备 10 克用于涂抹模具
啤酒酵母 10 克
发酵粉 3 克
清水 75 毫升
鸡蛋 2 个
面包屑 50 克
调味盐和胡椒粉适量
蔬菜高汤适量

用于制作马背奶酪酱:

奶油 100 毫升
马背奶酪 60 克

油炸马背奶酪意式饺子

Fried Panzerotto
Stuffed with Caciocavallo Silano D.O.P.

做法：

1. 将水和融化后的啤酒酵母混合在一起开始和面，快揉好时加入少量盐水。

2. 用塑料保鲜膜裹住面团，放在温暖的地方使其自然发酵 20 分钟，然后分成每块 100 克的小块。搓成圆形，再让其饧发直至体积增大 1 倍（大约需要 40 分钟）。

3. 同时，在平底煎锅中倒少许橄榄油，放入大蒜和辣椒炒香。加入剁碎的鳀鱼肉、去核加埃塔橄榄肉和刺山柑，煸炒几分钟后继续加入在盐水中焯过的菊苣。再煸炒 2~3 分钟，加入盐和胡椒粉调味，盛入碗中，冷却后与切成小粒的马背奶酪混合。

4. 制作包馅用的面皮。面板上撒点面粉，用擀面棍把揉好的小面团擀平成圆饼状（用手捏也可）。把做好的馅料铺在圆饼上，对折，把面皮边缘捏紧。

5. 平底锅里多倒点油，油热后放入饺子煎炸约 5 分钟。

6. 饺子表面变成浅棕色时，用漏勺取出饺子，放在厨用纸上吸走多余的油后装盘食用。

操作难度： 中

准备时间： 30 分钟

发酵时间： 60 分钟

烹饪时间： 5 分钟

分量： 4 个意式饺子

用于制作面团：

"0" 号面粉 250 克

清水 135 毫升

啤酒酵母 6 克

盐 5 克

用于制作馅料：

菊苣 0.5 千克

加埃塔橄榄 20 克

去骨鳀鱼肉 5 克

马背奶酪 80 克

大蒜 1 瓣

刺山柑 10 克

特级初榨橄榄油 10 毫升

辣椒适量

调味盐和胡椒粉适量

煎炸用油适量

潘泰莱里亚刺山柑I.G.P.

Cappero di Pantelleria I.G.P.

它，来自一个遥远的渺小疆域，本身并不起眼，但是对于西西里美食甚至对整个意大利美食来说，它的价值却弥足珍贵。它就是潘泰莱里亚刺山柑，这种生长在西西里岛特拉帕尼省的火山岛——潘泰莱里亚的当地特色植物。

刺山柑是一种灌木植物，拥有地中海气候里生长的植物群的典型特征——极其耐寒。它能长到 30~50 厘米高，香气四溢，叶子呈粉白色，表面有小孔。从 5 月底开始到 9 月，刺山柑刚刚发芽，会长出花蕾，黎明之前花蕾紧闭。未开花前采集花蕾，腌在盐水中熟成，盐的比例是花蕾重量的 40%。腌制过程大概需要 10 天，中间要定期搅动使其充分入味。腌制步骤必不可少，因为刚采下来的花蕾味道很苦，还有一种难闻的气味，是不能食用的。腌好后，过滤掉盐水，再把这些花蕾放入盐里腌制 10 天（这次盐的比例是花蕾重量的 20%）。第二次盐渍过程结束后，成品就可以拿去市场上销售了。潘泰莱里亚刺山柑是和海盐而不是醋一起包装的，因为醋会让其失去很多原有的风味、密度以及香味，而海盐能完整地保留刺山柑特有的感官特性。食用前只需在自来水下冲洗一下，浸泡 1 小时即可。

整个潘泰莱里亚岛都在大规模种植刺山柑，这得益于那里独特的土地、气候条件和种植方法，刺山柑已经成为当地因其上好的品质受到广泛认可的特色产品。通过当地刺山柑农业生产合作社的不懈努力，潘泰莱里亚刺山柑已经于 1991 年获得了地理标志受保护质量认证商标。

声名远扬的潘泰莱里亚刺山柑自古代就受到许多作家的赞誉，如 Dioscorides 和 Pliny。它是很多地中海式菜品中的主要食材，如什锦蔬菜烩茄子、潘泰莱里亚沙拉以及那不勒斯和西西里比萨。它可以直接放进菜里面生食，也可以在烹饪结束时加入调味，这样可以最大限度地保留它浓烈的香气。此外，因为自带独特的芳香气味，它也可以用于制作酱料、佐餐意大利面，与有肉或有鱼的主菜搭配也很对味，如刺山柑配鲷鱼。

注：本节后面的两个食谱所用刺山柑均为受地理标志保护认证的潘泰莱里亚刺山柑。

潘泰莱里亚刺山柑炖茄子西葫芦什锦菜

Eggplant and Zucchini Caponata
with Capperi di Pantelleria I.G.P.

做法：

1. 将茄子洗净，沥干，切成方块。用盐稍微腌制，然后滤掉腌制产生的水。将食谱中标明的橄榄油分为 3 份，取其中 2 份的用量煎茄子块。

2. 将洋葱、芹菜洗净，切成小方块备用。在平底煎锅里倒入橄榄油，先放入洋葱、芹菜，煸炒至变色，然后加入大蒜、西葫芦，轻轻翻炒。

3. 加入葡萄干、潘泰莱里亚刺山柑、松仁和黑橄榄、捣碎的番茄和茄子，混合后加入盐和胡椒粉，烹煮几分钟。

4. 最后加入醋和糖，撒上开心果和罗勒叶碎装盘。

操作难度： 低

准备时间： 30 分钟

烹饪时间： 15 分钟

分量： 4 人份

特级初榨橄榄油 150 毫升

大蒜 1 瓣

茄子 1 个

西葫芦 100 克

芹菜 50 克

洋葱 50 克

黑橄榄 25 克

潘泰莱里亚刺山柑 20 克

松仁 15 克

开心果 15 克

葡萄干 15 克

捣碎的番茄 100 克

罗勒叶 3 片

醋 5 克

糖 10 克

调味盐和胡椒粉适量

潘泰莱里亚刺山柑、洋蓟、橄榄、土豆烹切片黄尾鱼

Sliced Yellowtail with Capperi di Pantelleria I.G.P., Artichokes, Olives and Potatoes

做法：

1. 将黄尾鱼肉切成 4 片。土豆带皮煮至略有硬度，放凉，切成滚刀块或小方块。

2. 剥去洋蓟最外层的老叶片，一切两半，挖掉最里面的部分。

3. 将洋蓟切成滚刀块。将食谱中标明的橄榄油分成 3 份，取其中 2 份倒入平底锅中，煸炒洋蓟至颜色变深。加入清洗好的潘泰莱里亚刺山柑和对半切开的圣女果，以及一长柄勺清水。加入盐和胡椒粉调味，炖煮 5 分钟后放入鱼片。盖上锅盖，继续炖煮 8~10 分钟。

4. 将欧芹洗净、沥干、剁碎。出锅前几分钟，放入之前处理好的土豆、黑橄榄和欧芹。

5. 出锅。装盘后淋一滴橄榄油便可上桌享用。

操作难度： 低

准备时间： 40 分钟

烹饪时间： 10 分钟

分量： 4 人份

去骨黄尾鱼肉 500 克

特级初榨橄榄油 50 毫升

洋蓟 3 个

潘泰莱里亚刺山柑 25 克

土豆 100 克

圣女果 150 克

黑橄榄 30 克

欧芹 1 束

调味盐和胡椒粉适量

撒丁岛斯皮诺洋蓟D.O.P.
Carciofo Spinoso di Sardegna D.O.P.

洋蓟的刺不同于玫瑰的优雅，也不同于蔬菜的香甜。由于其生产过程符合《生产条例》规定的各项规则和要求，而且同名联合企业承担了确保厂家严格遵守规则的义务，撒丁岛斯皮诺洋蓟的品质不仅得到了良好的保证，而且因其上好的品质，已经被欧共体列为原产地名称受保护产品。

此洋蓟非彼洋蓟。在外观上，撒丁岛斯皮诺洋蓟有圆锥形头部，层层外扩，尖端紧缩在一起，整体呈绿色，叶子肥大，表面有褐紫色斑。苞片和秆茎上有黄色的刺，内芯可食用，呈纤维状，手感柔软。它有蓟花特有的诱人芳香，咬起来肉质饱满，但也绵软、爽脆、醇厚，苦味和甜味中和得恰到好处。洋蓟含有大量的糖分（每 100 克新鲜的洋蓟含 2.5 克糖），所以我们不太能感受到洋蓟本身含有的单宁酸和天然成分，就是因为糖分中和了它的涩味。

洋蓟不但味道鲜美，而且有益于健康。它有很高的营养价值：含有大量维生素，如维生素 A、维生素 C、维生素 B$_2$ 及维生素 PP；也含有钠、钾、铁等多种矿物质和酚类化合物，如有助于消化的洋蓟酸；还含有诸如帮助提高肝脏活力的木樨草素之类的类黄酮化合物，甚至还有大量可溶解和不可溶解的纤维。

撒丁岛的土壤和气候非常适合洋蓟生长，那里还有长期遗留下来的洋蓟种植经验、传统和专业技术作为宝贵的文化遗产，这些确保了当地洋蓟产品的稀有性和独特性。撒丁岛洋蓟在收获后就立即包装，因为只有这样，才能锁住它独特的风味和特性，尤其是其质感、味道、香气和色泽。

在撒丁岛风味的烹饪中，洋蓟通常未经烹煮便直接放进沙拉中，入口清脆，或者和该岛上其他特色食品一起搭配食用，比如这道典型的开胃菜：乌鱼子配斯皮诺洋蓟白汁红肉。如果要食用经过烹煮的熟洋蓟，那你在许多包含肉或鱼的前两道主菜中都可以看到这种极好的蔬菜，经典的洋蓟烤羊排就是其中的一道。

注：本节后面的两个食谱所用洋蓟均为经过原产地名称保护认证的撒丁岛斯皮诺洋蓟。

撒丁岛斯皮诺洋蓟烤羊排

Rack of Lamb with
Carciofo Spinoso di Sardegna D.O.P.

做法：

1. 摘去洋蓟的秆茎、外层的老叶子和小尖，一切两半，挖去中间毛茸茸的部分，然后用酸化过的水洗干净。

2. 整理羊肋排，割掉骨架上多余的肉。加入盐和胡椒粉，撒上一半洗干净、沥干并切碎的香草（即月桂、百里香和迷迭香）腌制。

3. 将羊肋排竖立，呈王冠状，用厨房用绳固定好形状。

4. 深平底锅里倒入橄榄油加热，放入去皮大蒜、洋蓟和剩下的香草炒香，然后放入羊肋排。

5. 烤箱预热至180℃，烘烤约15分钟，具体时间根据需要的熟度而定。

6. 从烤箱中取出，上桌前让洋蓟保温，用锡箔纸包住羊肋排静置10分钟。

7. 舀出锅底的汤汁，加入1长柄勺清水加以稀释，滤掉浮在表面的肥油。

8. 将洋蓟和高汤搭配装盘上桌。

操作难度： 中

准备时间： 20分钟

烹饪时间： 15分钟

分量： 4人份

每块含6根肋骨的羊肋排2块
撒丁岛斯皮诺洋蓟4个
特级初榨橄榄油50毫升
柠檬1个
大蒜1瓣
月桂适量
百里香适量
迷迭香适量
调味盐和胡椒粉适量
高汤适量

撒丁岛斯皮诺洋蓟馅饼

Carciofo Spinoso di Sardegna D.O.P. Pie

做法：

1. 面粉里加入少许盐和 15 毫升橄榄油，在面板上和面，揉成光滑结实的面团。盖住面团，静置发酵至少 1 小时。

2. 将洋蓟摘掉不需要的部分，用酸化过的水洗干净，切成均匀的薄片。

3. 开始制作馅料。少许橄榄油倒入平底锅加热，放进整瓣去皮大蒜炒香（烹煮其他食材前取出）。接着加入洋蓟，煸炒 5 分钟，加入盐和胡椒粉调味。

4. 放凉倒入碗里，然后倒入里科塔奶酪，搅拌均匀，再加入磨碎的帕尔玛奶酪和少许墨角兰。

5. 把面团分成 8 份，其中 1 份比其他略大。将面团擀成薄片，越薄越好，然后用拳头按压，使之变大呈面饼状。

6. 在蛋糕烤盘里抹上油脂，铺上最大的一张面饼，边缘搭在烤盘边上，抹上一层橄榄油。按此方法再摆三层，每层之间都要抹橄榄油。第三张面饼上不要抹油，盖上里科塔奶酪和洋蓟的混合物，然后划开两条浅浅的小沟，每个里面分别加入黄油和打发的蛋液。撒少许盐和胡椒粉调味，加少许墨角兰。再铺上剩下的 4 张面饼，记得每层之间抹橄榄油。

7. 使用最底层那张最大的面饼封好边，刷一层橄榄油，然后放入预热至 180℃ 的烤箱，烘烤 45 分钟。

操作难度： 高

准备时间： 30 分钟

静置时间： 60 分钟

烹饪时间： 45 分钟

分量： 4 人份

用于制作面团：

"00" 号面粉 250 克

利古里亚特级初榨橄榄油 50 毫升

酸化过的水 140 毫升

盐 5 克

用于制作馅料：

撒丁岛斯皮诺洋蓟 4 个

特级初榨橄榄油 30 毫升

大蒜 1 瓣

柠檬 1 个

鸡蛋 2 个

黄油 5 克

里科塔奶酪 300 克

帕尔玛奶酪 50 克

墨角兰适量

调味盐和胡椒粉适量

库内奥板栗I.G.P.

Castagna Cuneo I.G.P.

入口绵甜、清香、爽脆——这就是库内奥板栗的特点。无论是刚成熟的湿板栗，还是烘干的干板栗，都可以直接食用。作为皮埃蒙特特色产品之一，库内奥板栗已经获得地理标志保护认证，也有联合企业在推广和品质方面为其保驾护航。

在库内奥，种植板栗有着古老的渊源：历史上第一次关于当地板栗的文字记载要追溯到12世纪末，当时 Certosa di Pesio 在书信中首次提到了这种农作物。

再推至 1291 年，恩维耶市和马尔蒂尼亚纳波市的文献资料中有很多关于白板栗的描述。鉴于这种作物对当地经济发展的重要性，如今砖石结构的烘干窑散布在库内奥省内的各个地方，专门用来制作干板栗和板栗粉。这些烘干窑建造于 15—16 世纪。

人们一般认为库内奥板栗的地理标志保护商标涵盖了板栗的多个不同品种，但事实上，它单指的是西洋栗。库内奥板栗产区包括阿尔卑斯山脉的各直辖市、库内奥流域所有的河谷地带，在那里海拔不是特别高的地方（海拔 200~1000 米）以及日照充沛的背风地方，生长着许多板栗树。恰恰是这里的土壤的特质——土层深厚，富含有机物，排水良好，不含活性石灰等——赋予了这里的板栗独特的色泽、味道、气味等感官特性。

9—11 月是库内奥板栗的收获季节，市场上销售的板栗有湿的，也有干的。如今那里的人们依然沿用传统的工艺烘干板栗：放在砖石结构的烘干窑里慢火烘干。把板栗放在烘干架上，底下有火，或者有一个换热器，烘干过程中，它会持续工作，确保每天烘干窑里的温度保持稳定。这个过程快结束的时候，人们会给板栗盖上一个板子，火力持续以完成最后的干燥。烘干过程会持续约 30 天。最后是去壳，可以手剥，也可以用机器剥。

作为库内奥传统烹饪中公认的主角，库内奥板栗被广泛应用于许多佳肴美馔中，包括简单质朴的菜品和技法复杂的菜品。比如，从普通的栗子米饭、栗子牛奶、板栗高汤，到板栗蘑菇馅洋葱、板栗烤猪肉，再到用板栗、掼奶油和巧克力做成的令人垂涎三尺的勃朗峰栗子蛋糕。

注：本节后面的两个食谱所用板栗均为受地理标志保护认证的库内奥板栗。

库内奥板栗布丁

Castagna Cuneo I.G.P. Pudding

做法：

1. 先制作焦糖。在小锅里加入清水，放入 60 克糖开始煮，直到锅内液体呈现出黯淡的黄色（温度保持 145℃）。

2. 将煮好的焦糖平均倒入 4 个单人份模具内。

3. 牛奶中加入香兰子豆煮沸。

4. 同时，碗里打一个鸡蛋，将 65 克糖分为 3 份，取其中 2 份与蛋液混合。

5. 把剩余的糖和库内奥板栗粉混合，倒入煮沸的牛奶，再用手动搅拌器拌匀。缓缓倒入打好的鸡蛋中，充分搅拌使之融合。

6. 将以上混合物装入模具，放入双层蒸锅，150℃烘蒸约 30 分钟。

7. 用牙签戳一下布丁查看软硬程度，牙签取出时保持干燥表明布丁熟度刚好。

8. 布丁放凉后放入冰箱冷藏至少 1 小时再装盘食用最佳。

操作难度： 低

准备时间： 20 分钟

烹饪时间： 30 分钟

分量： 4 人份

鸡蛋 2 个

库内奥板栗粉 45 克

糖 65 克

牛奶 330 毫升

香子兰豆半个

用于制作焦糖：

糖 60 克

清水 15 毫升

库内奥栗子阉鸡

Stuffed Capon Rooster
with Castagna Cuneo I.G.P.

做法：

1. 将阉鸡洗干净，沥干水分。

2. 鸡胸部剔骨，除去胸骨，内部撒少许盐和胡椒粉入味。

3. 开始制作馅料。去掉猪肉香肠肠衣，切片。打一个鸡蛋，加入少许肉豆蔻。如果需要，可以加少许盐和胡椒粉。

4. 提前将库内奥板栗煮熟、放凉、去皮，尽量保持其完整。把板栗倒入鸡蛋香肠混合液中搅拌。

5. 将制作好的馅料填入鸡腔内，使用厨房用针把鸡胸缝合。

6. 将洋葱、胡萝卜和芹菜洗净并切成小方块备用。

7. 橄榄油入锅加热，将阉鸡烹至颜色略微变深，加入各种蔬菜、洗净沥干的香草（即迷迭香、百里香、月桂和鼠尾草）及整颗去皮的板栗。烤箱预热至180℃，烘烤50~60分钟。如果需要，在表面涂一点儿水。

8. 烤好后，用锡箔纸包住阉鸡，使其保温。

9. 将烹饪过程中汤汁产生的油脂撇去，用大勺舀出肥油，然后倒入过滤器滤出需要的汤汁。

10. 将阉鸡切片，搭配汤汁装盘。

操作难度： 高

准备时间： 60 分钟

烹饪时间： 60 分钟

分量： 4 人份

阉鸡 1 只，约 1 千克

新鲜的猪肉香肠 400 克

库内奥板栗 100 克

鸡蛋 1 个

洋葱 200 克

胡萝卜 150 克

芹菜 80 克

特级初榨橄榄油适量

迷迭香、百里香、月桂、鼠尾草适量

肉豆蔻适量

调味盐和胡椒粉适量

卡斯特马诺奶酪D.O.P.

Castelmagno D.O.P.

卡斯特马诺奶酪价值连城，以至于曾一度被当作货币使用：1277 年的一项仲裁裁定要求库内奥卡斯特马诺市政当局为萨卢佐的世袭贵族支付年费，但不是以货币的方式，而是用当地的奶酪代替。大约过了 5 个世纪，在 1722 年，维托里奥·阿梅迪奥二世下令给封建领主供应上等奶酪。

卡斯特马诺奶酪的历史或许要追溯到 1000 年以前，它是皮埃蒙特奶制品领域中的旗舰产品之一，产于库内奥省的卡斯特马诺市、普拉德莱韦斯市和蒙泰罗索格拉纳市。自 1996 年以来，卡斯特马诺奶酪就一直享有欧共体授予的原产地名称保护商标，而且还有同名联合企业保护、促进和提升其产品正宗性，确保厂家严格按照《生产规则》制作奶酪，为消费者提供来自正宗产地生产的质量合格的奶酪。

这种半硬质的蓝色奶酪，主要使用早上和晚上两次挤的牛奶制作而成，有的混合了少许绵羊奶或山羊奶（最多 20%）。卡斯特马诺奶酪外观呈圆柱形，边缘扁平，每块重量为 2~7 千克不等，如果是新做的则红里透黄，表面有一层光滑的薄皮；如果是熟成的（熟成至少需要 2 个月，或者在干燥环境里），呈赭褐色，则表面有皱纹；如果是精制品，则呈象牙白或黄色，质地疏松易碎，表面的皱纹较多，还有蓝绿色纹路。它的味道随自然熟化的过程改变：从清香淡雅变得鲜香浓厚。

所有的卡斯特马诺奶酪都被称为"Prodotto della Montagna"（蓝色标签），意为大山的产品，但如果制作奶酪的牛奶是于 5~10 月在海拔高于 1000 米的地方生产和加工而成，那么这种奶酪上也可以贴上"Alpeggio"阿尔卑斯商标（绿色标签）。作为皮埃蒙特地区传统烹饪中无与伦比的明星食材，卡斯特马诺奶酪可用于当地各种各样的开胃菜和头盘菜肴中，比如用美味鸡蛋酱和蔬菜做成的 Fauniera 沙拉，放在芹菜泥中搭配吐司，抑或搭配意式土豆团子、玉米糊或炖饭，在炖饭里奶酪通常和蜂蜜、坚果一同烹饪。它是一种既可以单独成菜也可以搭配洋槐蜜和蓝莓果酱的家常奶酪。

注：本节后面的两个食谱所用卡斯特马诺奶酪均为经过原产地名称保护认证的卡斯特马诺奶酪。

卡斯特马诺奶酪意式土豆团子

Potato Dumplings with Castelmagno D.O.P.

做法：

1. 将土豆洗净，在锅里倒入没过土豆的冷水，带皮煮熟。水开后加入少许海盐。

2. 土豆煮熟后（将筷子插入土豆，如果拔出时毫不费力，说明土豆煮熟了），滤水，去皮，放在切菜板上用合适的工具将土豆捣碎成泥。

3. 土豆泥中混合面粉、鸡蛋和少许盐，揉成光滑有弹性的面团。如果面太软、太湿，再加点儿面粉。

4. 把这些面团搓成直径为 2 厘米的圆柱体，然后切成长约 2 厘米的小块。用叉子在每个面团小块上卷一下，再用手指轻轻按压。

5. 在平底煎锅里融化黄油，加入牛奶和卡斯特马诺奶酪（提前去掉外皮并磨碎）。小火烹饪至乳脂状。

6. 把面团放入加了盐的沸水中煮 4 分钟左右。

7. 当面团漂浮在水面上时用漏勺捞出，然后直接放进有卡斯特马诺奶酪酱的平底煎锅中，翻炒后装盘。

操作难度： 低

准备时间： 40 分钟

烹饪时间： 4 分钟

分量： 4 人份

用于制作土豆团子：

土豆 500 克

"00" 号面粉 125 克

鸡蛋 1 个

调味盐适量

用于制作酱汁：

黄油 30 克

卡斯特马诺奶酪 250 克

牛奶 150 克

卡斯特马诺奶酪韭菜咸派

Leek and Castelmagno D.O.P. Quiche

做法：

1. 将韭菜根、最外层叶子和绿色的部分择掉，洗干净。把韭菜剩的白色部分切成碎段，洗净，滤干水分。单独留下一片叶子最后做装饰用。

2. 在深平底锅中融化黄油，用小火轻微煸炒韭菜约 10 分钟，加入盐和胡椒粉调味。

3. 取出其中大约 50 克，放入另一个小锅中，撒少许面粉，继续烹饪 1 分钟后倒入牛奶中。

4. 烹煮 5 分钟后加入卡斯特马诺奶酪（提前去掉表皮并磨碎）。使其自然放凉，先加入蛋黄，把蛋清搅打成糊状，然后缓缓倒入锅中的混合物上。

5. 在单人份烤箱烘焙模具里抹上黄油，填入做好的混合物，填满模具一半的高度即可。烤箱预热至 170℃，烘烤约 20 分钟。

6. 剩下的韭菜中加入一长柄勺热水，烹煮 7~8 分钟，然后搅打成糊状。加入盐和胡椒粉调味。

7. 把预留的韭菜叶烹煮 2 分钟，立即捞出放入凉水中冷却。

8. 把烤好的咸派从模具中取出，点缀切成长度适中的韭菜叶，搭配韭菜酱食用。

操作难度： 中

准备时间： 40 分钟

烹饪时间： 20 分钟

分量： 4 人份

韭菜 400 克
黄油 70 克
"00" 号面粉 20 克
牛奶 150 毫升
卡斯特马诺奶酪 150 克
鸡蛋 3 个
调味盐和胡椒粉适量量
用于涂抹模具的黄油适量

卡拉布里亚特罗佩亚红洋葱I.G.P.

Cipolla Rossa di Tropea Calabria I.G.P.

呈现出天然的红色，味道出奇的清甜，入口令人舒心的清脆，这就是卡拉布里亚特罗佩亚红洋葱的特点。

早在2008年，这里的红洋葱就被授予了地理标志保护商标。卡拉布里亚伊特鲁里亚沿岸的厂家严格按照《生产规则》加工洋葱产品，他们拥有该商标的使用权。卡拉布里亚特罗佩亚红洋葱的原产地、正宗性及品质也受到了同名联合企业的保护。

意大利有很多洋葱品种，但是卡拉布里亚特罗佩亚红洋葱绝对是最有人气的，尽管它不算是最常见的品种。它独具特色，而且颇有历史文化价值，这种价值在如今依然存在，得益于此，这种洋葱名扬四海。

根据各种历史文献参考资料的记载，是腓尼基人和希腊人先后将这种红洋葱引入了地中海流域和卡拉布里亚，然后借助当时的海岸贸易通道将其广泛传播。这条贸易通道是从西西里岛菲乌梅夫雷多布鲁齐奥一直延伸到尼科泰拉。卡拉布里亚特罗佩亚红洋葱已经变得越来越知名，许多于1700—1800年到过卡拉布里亚的游客以及走访过连接皮佐至特罗佩亚的伊特鲁里亚海岸的游客，对那些洋葱给予了高度的评价，谱写了很多关于洋葱烹饪的赞歌。

这种美其名曰"卡拉布里亚的红金子"的洋葱，更喜欢中等质地、相对松软且未被过度耕种过且最好是近海的土壤。所以，伊特鲁里亚海岸沿线的土地就是最好的选择：土壤质地完美，不是很紧密，而且当地气候温和，是种植这种红洋葱的理想条件。似乎正是这种在冬季没有大幅气温变动的温和气候造就了卡拉布里亚特罗佩亚红洋葱明显的浓郁甜味，使其有别于其他洋葱。

卡拉布里亚特罗佩亚红洋葱的产区包括科森扎省、卡坦萨罗省和维波瓦伦蒂亚。这些地区的气候条件和洋葱天然的基因结构，以及当地人们的聪明才智共同赋予了它独特的物理化学特性和感官特性：不但色味俱佳，还兼具有效的药用价值。

一旦你在烹饪中用了一次这种红洋葱，你就不想离开它了。烹饪这种洋葱的食谱有很多，无论是卡拉布里亚还是意大利菜肴中都少不了它的身影。比如，经典意大利菜肉馅煎蛋饼（也译作烘蛋）、新鲜蔬菜沙拉，以及以鱼为主（特别是鳕鱼）的头盘菜，甚至橘子酱里卡拉布里亚特罗佩亚红洋葱也随处可见。

注：本节后面的两个食谱所用洋葱均为受地理标志保护认证的卡拉布里亚特罗佩亚红洋葱。

卡拉布里亚特罗佩亚红洋葱烤腌鳕鱼

Cipolla Rossa di Tropea Calabria I.G.P.
Filled with Salted Cod

做法：

1. 烤箱预热至 180℃，将卡拉布里亚特罗佩亚红洋葱带皮烘烤 30 分钟。

2. 横向对切，用汤匙将里面掏空，把挖出来一半的洋葱肉切碎。

3. 在深平底锅里倒入橄榄油，放入整头去皮大蒜和一小枝百里香，然后把盐渍过的鳕鱼柳切片放入。倒入牛奶，加入盐和胡椒粉，炖煮。

4. 取出大蒜和百里香，放入切碎的洋葱翻炒，加入盐和胡椒粉调味。

5. 一边搅拌一边加入葡萄干和松仁，然后把这些混合物塞进挖空的洋葱。

6. 撒少许面包屑。

7. 烤箱预热至 180℃，烘烤 15 分钟。

操作难度：低

准备时间：60 分钟

烹饪时间：15 分钟

分量： 4 人份

中等大小的卡拉布里亚特罗佩红洋葱 4 个

特级初榨橄榄油 100 毫升

鳕鱼柳 300 克，提前盐渍过

大蒜 1 瓣

牛奶 50 毫升

葡萄干 20 克

松仁 10 克

百里香适量

面包屑适量

调味盐和胡椒粉适量

卡拉布里亚特罗佩亚红洋葱翻转蛋糕

Cipolla Rossa di Tropea Calabria I.G.P.
Upside-Down Cake

做法：

1. 在小锅中加入 20 毫升清水，将红糖煮成焦糖色，然后倒入烘焙盘底。

2. 卡拉布里亚特罗佩亚红洋葱去皮，横向对切，撒点盐和胡椒粉入味。

3. 把洋葱放入烘焙盘，加入小块黄油。

4. 烤箱预热至 180℃，烘烤约 30 分钟。

5. 取出来放凉，上面盖上一块千层酥皮，用叉子戳几个小孔。

6. 放入预热至 180℃的烤箱，烘烤 20 分钟。取出，放凉或趁热将蛋糕倒扣过来装盘。

操作难度： 低

准备时间： 20 分钟

烹饪时间： 50 分钟

分量： 4~6 人份

卡拉布里亚特罗佩亚红洋葱 3 个
红糖 100 克
黄油 80 克
一块千层酥皮 200 克
调味盐和胡椒粉适量
清水 20 毫升

塞塔拉鳀鱼汁P.A.T.

Colatura di Alici di Cetara P.A.T.

曾经一度，鳀鱼汁被称为鱼酱油，是古罗马人最喜欢的一种重口味调味品。这是一种将去除内脏的和盐渍的鱼经过日晒发酵制作而成的液体酱汁，加一点在菜肴中，立刻使其鲜香味美。如今，它的名字叫作塞塔拉鳀鱼汁，因为一个坐落于意大利阿尔玛菲海岸的名叫塞塔拉的小渔村而得名。这种鳀鱼汁为透明液体，呈明亮的琥珀色，香气浓郁，回味悠长。它按照古老的陈化工艺加工制作而成：专门选用从 3 月 25 日—7 月 22 日捕捞的鳀鱼，放在水和盐的饱和溶液中陈化。

中世纪出现了各种僧侣教团，致力于恢复作家 Pliny 笔下的御膳宴会和《Apicius 烹饪艺术》中描述的豪华宴会中使用古罗马鱼酱油的传统，保存这种从木桶裂缝中流出的美味液体。简而言之，是在木桶里放入用盐腌制的鳀鱼，最终制作成一种神奇的调味料。这是当地渔民经过日积月累、日渐完善的一种方法，代代相传。

塞塔拉鳀鱼汁是一种意大利传统区域性食品，它的制作周期是这样的：先把新鲜捕捞的鳀鱼去除头和内脏，然后放在倒了大量海盐的特殊容器中存放一整天。这时候，就该把鳀鱼转移到小一点的栗木或橡木桶中了，层层撒盐，盖上木块。随着陈化过程的进行，木块上压的东西要越来越轻。在这种压力下鳀鱼日渐熟成，一些液体会从表面慢慢渗出，这种液体在一开始用盐腌制鳀鱼时需要撇去，但现在这个阶段，这种液体就为即将做好的鳀鱼汁形成了良好的基底液。最后，将所有液体装进大玻璃容器，直接暴露在阳光下，经过日晒蒸发后它的浓度逐渐变高。这样持续四五个月之后，收集的所有液体连同鳀鱼再次倒入木桶中，让液体经过厚厚的鱼层之间的小孔和缝隙缓慢流出，以便得到更醇的香味。这些液体经过亚麻布过滤就可直接食用。

这种香味扑鼻、咸香醇厚的产品可以作为从意式直面到格拉尼诺面各种意大利面的调味品；也可以为鱼类菜肴、生食或煮熟的蔬菜调味，如给菊苣调味以用于比萨填馅。

注：本节后面的两个食谱中所用鳀鱼汁均为意大利传统区域性食品中的塞塔拉鳀鱼汁。

塞塔拉鳀鱼汁和辣椒酱配耶路撒冷洋蓟布丁

Jerusalem Artichoke Pudding with Colatura di Alici di Cetara P.A.T. and Red Pepper Sauce

做法：

1. 将红辣椒洗净，烤箱预热至 180℃，烘烤 20~25 分钟。搅烂成泥，加少许盐。

2. 耶路撒冷洋蓟去皮，用适当的工具把其中一个切成薄片，放入热油里炸。

3. 将剩余的洋蓟切成小方块。

4. 在深平底锅中融化黄油，放入耶路撒冷洋蓟块，煸炒至颜色变深，加入少许盐和胡椒粉，锅里加满热水，烹煮 30 分钟直至洋蓟熟透，汤汁完全收干。

5. 耶路撒冷洋蓟泥中加入牛奶、湿玉米淀粉、奶油和鳀鱼汁（根据个人口味增加或减少食谱中标明的量），搅成酱。加盐调味后倒入提前抹好黄油的单人份模具。

6. 放入双层蒸锅，150℃温度下烘蒸约 25 分钟。

7. 蒸好后拿出冷却 5 分钟，然后从模具中取出布丁，浇上辣椒泥，搭配油炸耶路撒冷洋蓟片装盘。

操作难度： 中

准备时间： 40 分钟

烹饪时间： 25 分钟

分量： 4~6 人份

耶路撒冷洋蓟 500 克

黄油 30 克

牛奶 125 毫升

奶油 125 毫升

玉米淀粉 5 克

3 个鸡蛋的蛋清

萨塔拉鳀鱼汁 10 毫升

红辣椒 1 个

煎炸用油适量

涂抹模具的黄油适量

调味盐和胡椒粉适量

塞塔拉鳀鱼汁意大利面

Colatura di Alici di Cetara P.A.T. Spaghetti

做法：

1. 大蒜去皮。将大蒜和红辣椒剁碎（干辣椒不用剁碎）。

2. 大一点的浅口锅中火预热，倒入橄榄油，加热几分钟后放入提前备好的大蒜和红辣椒炒香，避免炒焦。

3. 将意大利细面条放入煮沸的盐水中煮熟。当面咬起来有嚼劲的时候，捞出来滤水后再放入平底锅中和酱混合翻炒。离火后可以加入少许煮面的汤，然后再浇上塞塔拉鳀鱼汁（根据个人口味增加或减少食谱中标明的量）及欧芹碎，即可趁热装盘上桌。

操作难度： 低

准备时间： 10 分钟

烹饪时间： 8 分钟

分量： 4 人份

意大利细面条 300 克

特级初榨橄榄油 70 毫升

塞塔拉鳀鱼汁 10 毫升

欧芹碎少许

大蒜 1 瓣

新鲜或干红辣椒适量

调味盐适量

齐贝洛火腿D.O.P.
Culatello di Zibello D.O.P.

在漫长的冬季里，波河流域笼罩在潮湿浓重的厚雾之中，这层浓雾从容地面对屠夫那又黑又长的斗篷，成为造就冻肉之王齐贝洛火腿的"未知因素"。除此之外，也不能忽略波河流域闷热而潮湿的气候，就连潮湿多雨的夏季也从不停歇。这片土地上世世代代留传下来的熟食制作艺术传统，不仅诉说着这块土地的故事，也浓缩了当地人的生活传统，成熟的艺术传统辅之以无可取代的气候条件，这种古老的贵族食品经过熟化形成了无与伦比的风味和香气。

齐贝洛火腿属于萨拉米香肠（意大利蒜味香肠）的一种，产地包括意大利大河右岸沿线的帕尔玛省的布塞托、波莱西内、齐贝洛、索拉尼亚、罗卡比亚恩卡、圣·萨卡多、西萨及科洛尔诺。自1996年开始，它就得到了欧盟原产地名称保护认证，同时有同名联合企业保障其品质。齐贝洛火腿如今不但风靡全球，据说1332年就有了关于其历史的记载：当时在安德烈埃·孔蒂罗西和乔凡娜·孔蒂桑维塔尔的婚礼上，这对新婚夫妇收到的礼物之一就是齐贝洛火腿，在那之后，拉维奇诺家族捐赠了一些齐贝洛火腿给米兰公爵加莱亚佐·马里亚·斯福尔扎。

然而，几个世纪以来，齐贝洛火腿依然只在原产地范围内出名（那时它被叫作"Investiture"，意为包装用的装饰品，因为人们认为"culatello"是个不雅的词汇），被少数真正的行家和当地几个家族所享用，直到20世纪下半叶它以绝妙味道征服了世界上不计其数挑剔的味蕾后，才在帕尔玛以外的地方为人所知。

齐贝洛火腿只选用猪大腿内侧和后臀部位的肉，将其表面洗净整理干净，调整肥瘦比例，手工削成一个梨形制成。它的风味来自于各种调味料，主要是盐、胡椒粉（整粒或碎屑）、大蒜和干白葡萄酒。

这种美味的冷切肉可以广泛应用于意大利烹饪中多种精致的菜肴中，不过为了充分感受它的淡淡甜味、细腻的口感、柔软的质地和浓郁的香味，最好生食或者在菜肴快做好的时候放进去略微加以烹饪后食用。把齐贝洛火腿单独作为一道开胃菜也很棒。或者，最好手工将齐贝洛火腿切成薄片，宛如柔软轻盈的玫瑰花瓣，卷上切成薄片微微卷起的黄油。当然，还可以把齐贝洛火腿当作家常意面或意式炖饭的佐料。

注：本节后面的两个食谱所用齐贝洛火腿均为经过原产地名称保护认证的齐贝洛火腿。

齐贝洛火腿卷西葫芦帕尔玛奶酪慕斯

Culatello di Zibello D.O.P. Roll with Zucchini and
Parmigiano Reggiano D.O.P. Mousse

做法：

1. 制作芝麻菜青酱。择洗芝麻菜，用布沥干水分。加入少许橄榄油、盐和胡椒粉，搅拌均匀。

2. 开始浓缩蓝布鲁斯科葡萄酒，小锅中倒入蓝布鲁斯科葡萄酒和其他食材，用小火煨煮直到量浓缩至一半。在少许凉水中溶解玉米淀粉或玉米面，过滤后倒入锅中使葡萄酒浓稠。根据个人喜好调整糖、盐和胡椒粉的量。

3. 将西葫芦洗净，纵向切成 1~2 毫米的薄片。

4. 在平底不粘锅中倒入少许橄榄油，煸炒西葫芦，加入盐和胡椒粉。

5. 在深平底锅中把奶油煮沸，放入提前泡过水并挤干水分的食用明胶片，并使其融化。接着放入帕尔玛奶酪碎。放凉。

6. 在砧板上铺一层塑料保鲜膜，并排摆上齐贝洛火腿片，可以稍稍重叠。

7. 上面堆上烹饪好的西葫芦，然后均匀铺上帕尔玛奶酪碎。

8. 铺好之后，卷起来，放入冰箱冷藏至少 15 分钟。

9. 从冰箱取出后切成厚度适中的块装盘，搭配芝麻菜青酱和浓缩蓝布鲁斯科葡萄酒食用。

操作难度： 中

准备时间： 60 分钟

烹饪时间： 15 分钟

分量： 6~8 人份

用于制作火腿卷：

齐贝洛火腿 100 克，切片

西葫芦 200 克

特级初榨橄榄油适量

奶油 200 毫升

帕尔玛奶酪 80 克，磨碎

食用明胶片 2 片（提前泡过水并挤干水分）

调味盐和胡椒粉适量

用于制作浓缩蓝布鲁斯科葡萄酒：

蓝布鲁斯科葡萄酒 125 毫升

糖 10 克

玉米淀粉或玉米面 5 克

青葱 1 根

迷迭香 1 枝

百里香 1 枝

杜松子 1 颗

调味盐和胡椒粉适量

用于制作芝麻菜青酱：

芝麻菜 60 克

特级初榨橄榄油 35 毫升

调味盐和胡椒粉适量

齐贝洛火腿佐帕尔玛奶酪意面

Tagliolini Noodles with Culatello di Zibello D.O.P.
and Parmigiano Reggiano D.O.P. Sauce

做法：

1. 面板上撒上面粉，正中心打上鸡蛋，揉成光滑有弹性的柔软面团。用塑料保鲜膜包好，静置 30 分钟待用。

2. 半小时后，把面团擀成厚度小于 1 毫米的面饼，切成宽约 1 毫米的细宽面。

3. 制作酱汁。在小锅里小火融化奶油，加入帕尔玛奶酪碎，充分搅拌，直到酱汁顺滑呈乳脂状。加入盐和胡椒粉调味，保温放置。

4. 齐贝洛火腿切条，厚度为 2~3 毫米。

5. 将面条放入加了盐的沸水中煮熟。同时，在平底煎锅中用小火融化黄油，加入齐贝洛火腿条，煎的时间不宜过久，接着加入几汤匙煮面条的汤使之乳化。

6. 面条煮至有嚼劲的时候捞出来，沥干水分后，直接倒入步骤 3 的锅中，翻炒几分钟。

7. 在盘底倒入少许酱汁，然后盛入面条，装饰几片帕尔玛火腿。

操作难度： 中

准备时间： 30 分钟

烹饪时间： 2 分钟

分量： 4 人份

用于制作面团：
"0" 号面粉 300 克
鸡蛋 3 个

用于制作配料：
齐贝洛火腿 120 克
黄油 30 克

用于制作酱汁：
奶油 150 克
帕尔玛奶酪 80 克，磨碎
调味盐适量

用于装饰：
帕尔玛火腿 30 克，切成长薄片

芳缇娜奶酪D.O.P.

Fontina D.O.P.

芳缇娜奶酪是瓦莱达奥斯塔地区烹饪中的佼佼者，你只要尝一口，就会被那独特的味道完全迷住，无法自拔。它柔软、香甜、美妙的口感根据熟化程度的不同而不同，当你吃上一块这样的奶酪，仿佛就能感受到高山草原上吹过的清新空气以及自由气息从唇齿间滑过，沁入心脾。制作芳缇娜奶酪用的是放养于瓦莱达奥斯塔山谷里的当地奶牛产的新鲜牛奶，其优良品质和营养价值确保了这种奶制品的成功。

在欧洲著名的几座山脉——勃朗峰、罗萨峰、切尔维诺山、大帕拉迪索山接壤的地方，在那令人陶醉的土地上，瓦莱达奥斯塔的芳缇娜奶酪采用经过严格甄选的优质原材料制作而成。这一地区夏天干燥，冬天寒冷，拥有典型的地中海植被和高山花朵，只有这种特殊的花卉和草本植物以及高山溪流才能赋予牛奶以特殊的香味，而且只有高原空气才能极好地熟成放置在天然石洞里的芳缇娜奶酪。

这种高山奶酪吸纳了这里长达数世纪的历史精华，它的名字源自于瓦莱达奥斯塔的贵族家族以及这一地区重复利用的地名。伊索涅城堡内中世纪末期的壁画中描绘了一个销售奶制品的展台，展台上摆放着几种典型的芳缇娜奶酪。

自 1995 年以来，瓦莱达奥斯塔芳缇娜奶酪就一直是经欧盟的原产地名称保护制度认证的产品，而且有同名联合企业保障其产品的正宗性，同时促进历史悠久的奶酪文化的发展。瓦莱达奥斯塔芳缇娜奶酪富含维生素 A、钙元素及磷元素，因此无论是感官特性还是营养价值方面，它都是独一无二的食品。

市场上销售的芳缇娜奶酪呈圆柱体形状，重量为 8~12 千克不等，显著特点是最外面有一层结实的褐色表皮，由于熟化程度不同，所以有的呈深褐色，有的呈浅褐色。它是一种半熟奶酪，整体柔软，有些可爱的浅黄色小孔散布在表面，数量多少也因熟化程度不同而不同。这种奶酪是瓦莱达奥斯塔的王冠产品。

瓦莱达奥斯塔芳缇娜奶酪是传统意式奶酪火锅和意式饺子的主要食材，闻到那个香味就令人馋涎欲滴。它还可以搭配玉米糊、薄煎饼、裹上面包屑的煎牛排以及多种山区汤羹菜品，比如，用黑面包片和白球甘蓝叶做成的意式面包蔬菜羹，或者用面包、大米和洋葱做成的科涅汤。

注：本节后面的两个食谱所用芳缇娜奶酪均为经过原产地名称保护认证的芳缇娜奶酪。

意式面包蔬菜羹

Valpellinese soup

做法：

1. 将皱叶甘蓝洗净，掰去最外面的叶子，放入牛肉高汤中烹煮。

2. 将陈面包切成 2~3 毫米厚的片。

3. 去除芳缇娜奶酪的外壳，切成 2~3 毫米厚的薄片。

4. 在涂过黄油的蒸烤类模具中放入一层面包片，注意不要留下缝隙，再盖上一层芳缇娜奶酪片。按照以上顺序重复三次，叠加至三层。

5. 在上一步骤中做好的基底上倒入高汤，用叉子戳些小孔，确保肉汤充分渗透到底。

6. 将黄油融化（留少许待用），放入少许肉桂，然后均匀倒入烤盘。

7. 烤箱预热至 200~220℃，烘烤 20 分钟，之后取出静置 10 分钟。再次放入烤箱，以 190~200℃烘烤 20 分钟，直到表面变成金黄色，结束烘烤。

8. 从烤箱中取出，用刷子将预留的黄油刷在表面，静置几分钟后装盘。

操作难度： 低

准备时间： 60 分钟

烹饪时间： 40 分钟

分量： 4 人份

自制陈面包 500 克

白色皱叶甘蓝 400 克

牛肉高汤 1.5 升

芳缇娜奶酪 400 克

黄油 50 克

肉桂适量

芳缇娜奶酪火锅

Valdostana Fondue

做法：

1. 去除芳缇娜奶酪上的外壳，切成薄片，放入深平底锅，再倒入牛奶。

2. 浸泡 8 小时。

3. 另起一锅融化黄油，加入过滤掉牛奶的芳缇娜奶酪片。

4. 用小火烹煮奶酪火锅，不停搅拌，逐步加入牛奶稀释。最后加入蛋黄。

5. 直到锅中没有小块，整体变成奶油浓汤后加少许盐调味，或者根据个人口味加入少许用牛奶溶解的土豆淀粉使汤更为浓稠。

6. 搭配烤面包或煎面包片食用。

操作难度： 中

准备时间： 10 分钟

浸泡时间： 8 小时

烹饪时间： 15 分钟

分量： 4 人份

芳缇娜奶酪 400 克

黄油 30 克

牛奶 200 毫升

蛋黄 4 个

牛奶 2 升

土豆淀粉适量

调味盐适量

用于成品搭配：

烤面包或煎面包片

戈贡佐拉奶酪D.O.P.

Gorgonzola D.O.P.

相传在 879 年，意大利米兰城门附近一个名叫戈贡佐拉的小镇上，一名乳品工人因为陷入热恋而心神不定，他无法集中精神工作，所以停下了手头正在进行的奶酪制作工作。然而，到了第二天，他惊讶地发现绿色模具里的奶酪已经自己完成了，而且味道很惊艳！

美味的戈贡佐拉奶酪就这样在天赐的机缘巧合之下，在"注意力不集中"的状态下诞生了。关于它，有确凿历史来源的信息始于 15 世纪，当时它还被称为"软质干酪"，因为它用的是"stracche"奶牛的奶，也就是秋季从贝加莫山谷来到这个村庄觅食的疲惫的奶牛。

戈贡佐拉奶酪于 1996 年获得了欧盟原产地名称受保护认证，并且有同名联合企业确保厂家严格遵守《生产条例》明确规定的要求生产加工奶酪，保障产品的正宗性。在历史上，这种奶酪只在米兰按照当地方法加工及熟成，但目前，它也吸纳了其他地方的一些乳制品制作传统，如伦巴第大区（贝加尔莫、布雷西亚、克雷莫纳、科莫、莱科、洛迪、帕维亚、瓦雷泽以及蒙扎）和皮埃蒙特大区（诺瓦拉、韦尔切利、库内奥、比耶拉、维尔巴尼亚、卡萨莱蒙费拉托）。

戈贡佐拉奶酪只选用经过巴氏杀菌的牛奶制作而成，奶酪内部呈稻草白，分布着很多自然熟成过程中形成的绿色斑纹。依据味道的不同，戈贡佐拉奶酪分为两种：甜味和辛辣味。甜味的是一种乳脂装软奶酪，有轻微刺鼻的风味；辛辣味的质地较硬，凝结，易碎，有明显纹路，香味更加刺激。这两种奶酪在意大利本土和全世界都广受赞誉，因为自 20 世纪初英国人、法国人和德国人爱上它之后，它就被出口至世界各地供人们享用。

单独品尝戈贡佐拉奶酪的味道就很好。例如，抹在面包片上吃，配上新鲜蔬菜和坚果沙拉，搭配马斯卡彭那样甜蜜的乳汁奶酪；为果酱、水果、芥末、巧克力增味。除此之外，它也可以入菜。在伦巴第的传统烹饪中，戈贡佐拉奶酪为许多菜肴赋予了独特的味道，包括意式炖饭、各种意面、扇贝和玉米糊等。当然，作为一种极具风味、特征独具一格的奶酪，它从不间断地为各路美食家、厨师提供灵感：他们把它用到开胃菜、前两道主菜，甚至甜品中。马苏里拉奶酪和戈贡佐拉冰激凌搭配栗子蜂蜜和开心果碎就是一道典型的甜品。

注：本节后面的两个食谱所用戈贡佐拉奶酪均为经过原产地名称保护认证的戈贡佐拉奶酪。

戈贡佐拉奶酪蛋糕

Gorgonzola D.O.P. Cake

做法：

1. 将黄油、面粉和牛奶混合，制作成浓稠的贝夏梅尔调味酱，加少许盐调味后自然冷却。

2. 放凉后，放入搅拌器中，将其和戈贡佐拉奶酪一同搅拌。

3. 搅拌器里的酱取出 1/4 的量与马斯卡彭奶酪混合，剩下的酱与里科塔奶酪混合。加盐调味。

4. 梨去皮，切成小方块。放入加了黄油的平底煎锅中略煎 1~2 分钟。

5. 将面包皮去掉，切成片。

6. 在圆形模具（或其他形状）中摆一层面包片，上面铺一层戈贡佐拉奶酪和里科塔奶酪，撒点切碎的核桃仁，再铺第二层面包。

7. 铺一层戈贡佐拉奶酪和马斯卡彭奶酪酱，放上梨，再铺一层面包。

8. 最上面铺上戈贡佐拉奶酪，放入冰箱里冷藏至少 1 小时。

9. 用搅拌器打发剩下的戈贡佐拉奶酪，用裱花袋挤出花形装饰蛋糕。

10. 蛋糕四周粘上核桃仁后方可享用。

操作难度： 高

准备时间： 30 分钟

硬化时间： 60 分钟

烹饪时间： 45 分钟

分量： 4 人份

用于制作贝夏梅尔调味酱：

牛奶 500 毫升

黄油 50 克

面粉 60 克

调味盐适量

三明治面包 300 克

里科塔奶酪 150 克

戈贡佐拉奶酪 450 克

马斯卡彭奶酪 100 克

切碎的核桃仁 150 克

梨 300 克

黄油 15 克

戈贡佐拉奶酪配香煎牛柳

Beef Tenderloin with Gorgonzola D.O.P.

做法：

1. 将葡萄干放入温水中浸泡约 10 分钟。

2. 用快刀将每块牛柳沿中心切口，里面塞入戈贡佐拉奶酪块。

3. 在小锅中加热奶油，把剩下的戈贡佐拉奶酪块切碎倒入，使其完全融化，直到变成奶油酱。保温。

4. 在平底锅中放入一半黄油，炒香菠菜和沥干水分的葡萄干 1 分钟。加入少许盐和胡椒粉调味。

5. 牛柳抹上盐和胡椒粉腌渍入味。在平底煎锅中融化剩下的黄油，将牛柳煎至褐色，直至想要的熟度为止。煎好后从平底锅中取出，保温存放。将玛萨拉葡萄酒倒入步骤 3 的汤汁中，炖煮至稠度适当。

6. 用戈贡佐拉奶酪酱、油煎菠菜和汤汁搭配煎牛柳装盘食用。

操作难度： 中

准备时间： 20 分钟

烹饪时间： 8 分钟

分量： 4 人份

牛柳 4 块，每块 180 克

戈贡佐拉奶酪 250 克，切成小块

新鲜的菠菜 300 克

葡萄干 30 克

奶油 200 克

黄油 50 克

玛萨拉葡萄酒 50 毫升

调味盐和胡椒粉适量

哥瑞纳-帕达诺奶酪D.O.P.

Grana Padano D.O.P.

这是典型的意大利特色产品之一，它呈金黄色，具有颗粒质感，易碎成片，芳香浓郁。哥瑞纳-帕达诺奶酪是意大利北部的象征，同时也浓缩了整个波河流域的质朴无华。

哥瑞纳-帕达诺奶酪拥有欧盟的原产地名称保护认证，同名联合企业确保厂家严格遵守《生产条例》的规定生产加工奶酪，保护其来源于正宗产地。这是一种通过对凝乳块自然发酵的方法制作而成的硬质奶酪，制作原料是新鲜牛奶，经过热煮长时间慢慢熟化。每天给奶牛挤两次奶，静置使其形成凝脂，实现部分脱脂。在皮埃蒙特大区、伦巴第大区、威尼托、特伦蒂诺、艾米利亚-罗马涅省以及博尔扎诺自治省常年都有生产，牛奶全部来自原产地。

哥瑞纳-帕达诺奶酪起源于大约 1000 年前本笃会僧侣的聪明才智。当时，他们为了满足人们的需要想出了一种储存过剩牛奶的方法，即这种绝佳产品的配方。在奶酪熟成的过程中，完好地保存了牛奶本身的各种营养元素，并产生了特别的口感，甜美可口。也正是这样一个聪明的发明成为若干世纪以来农业经济支柱之一。同时，这种奶酪也成了流行美食文化中精致的贵族佳肴中的主要食材。

千百年来，哥瑞纳-帕达诺奶酪的传统制作方法一直得以传承，丝毫未变，从而确保如今的产品依然能够呈现出其味道、气味、质地以及外观方面的特点，使其闻名全球。它不但味美，且容易消化，还是一种健康食品。作为一种独立的食品来源，它有着完美的营养价值比，所含的营养元素的数量和质量都非常高：高蛋白，低脂肪，还含有多种矿物质，尤其是钙、硒、镁、磷，以及各种维生素，其中维生素 B_{12} 含量尤其高。

哥瑞纳-帕达诺奶酪的熟成时间少则 9 个月，多则 20 个月，甚至更久，才能成就真正的"哥瑞纳-帕达诺奶酪 D.O.P."。熟成程度不同的哥瑞纳-帕达诺奶酪在风味上略有不同，熟成越久，会愈加温醇清淡，可以用于制作各式菜品。一般来说，单独食用就很好，不过也可以和蜂蜜、果酱、甜蔬菜酱佐餐，还可以切成碎末放入像汤羹、意面和米饭这样的头菜中，当然也可以放入有肉有鱼的主菜、配菜或砂锅菜中，甚至也能成为制作甜品的一种材料。

注：本节后面的两个食谱所用哥瑞纳-帕达诺奶酪均为经过原产地名称保护认证的哥瑞纳-帕达诺奶酪。

巴伐利亚甜点配格拉巴酒

Bavarese with Grana Padano D.O.P.
and Pears with Grappa

做法：

1. 制作梨酱。将梨去皮，切成小方块，在锅中加水，加糖，放入梨，用中火煨煮。

2. 当梨变软后加入格拉巴酒，搅匀。倒出其中 1/3 留作佐餐酱用。

3. 在剩下 2/3 中加入食用明胶片（事先用水泡软、捏干水分）。充分搅拌使之融合，然后倒进模具中（比做巴伐利亚甜点用的模具小）。冷冻几个小时。

4. 在碗里打一个鸡蛋，加入糖、玉米淀粉和少许盐以及煮沸的牛奶，搅拌均匀。倒入一个小锅，再煮沸。

5. 离火，加入哥瑞纳 - 帕达诺奶酪和用凉水泡软的食用明胶片。搅拌均匀后放凉。

6. 当奶油开始变稠，一边搅一边倒入掼奶油（动作要缓慢），然后倒入模具。

7. 将梨胶冻在每个模具中，放回冷冻层冻几个小时。

8. 从模具中取出并在食用之前解冻（放入冰箱中冷藏约 1 小时，室温下 20 分钟）。配上梨酱装盘享用。

操作难度： 高

准备时间： 60 分钟

冷冻时间： 4 小时

烹饪时间： 20~60 分钟

分量： 4~6 人份

用于制作巴伐利亚甜点：

鸡蛋黄 3 个

糖 45 克

玉米淀粉 5 克

牛奶 125 毫升

哥瑞纳 - 帕达诺奶酪（熟成 16 个月的）40 克，也可根据个人口味增加，如果想要更浓口味可准备 80 克

掼奶油 150 克

食用明胶片 1 片半

调味盐适量

用于制作食用明胶和梨酱：

梨 400 克

清水 100 毫升

糖 65 克

食用明胶片 1 片

格拉巴酒 10 毫升

哥瑞纳-帕达诺奶酪黑松露咸派

Grana Padano D.O.P. and Black Truffle Quiche

做法：

1. 在小锅中加热奶油。

2. 加入湿玉米淀粉（提前溶解于 10 毫升冷牛奶中）。搅拌使其充分混合后冷却几分钟。

3. 在一个大碗中把鸡蛋打散，倒入奶油中，再加入哥瑞纳－帕达诺奶酪。

4. 将黑松露菌清洗干净，切成小块，加入锅中的混合物。

5. 将单人份模具涂上黄油，填入刚刚做好的混合物。放入烤箱中的双层蒸锅中，以 150℃烘烤 20 分钟，取出后装盘食用。

操作难度： 低

准备时间： 20 分钟

烹饪时间： 20 分钟

分量： 4 人份

完全熟化的哥瑞纳 - 帕达诺奶酪 90 克

奶油 250 毫升

玉米淀粉 10 克

牛奶 10 毫升

鸡蛋 2 个

黄油 10 克

小的黑松露菌 1 个

调味盐和胡椒粉适量

阿马特里切烟熏猪脸肉P.A.T.

Guanciale Amatriciano P.A.T.

它诞生于肥沃的列蒂平原，那里有格兰萨索和拉加山国家公园天然的美丽环境。该地区被认为是意大利的中心区域、意大利地理位置上的中心，也是当地的饮食文化中心。

它是拉齐奥和阿布鲁佐的特产，生产于列蒂省的阿马特里切和阿库莫利，以及阿奎拉诺的坎波托斯托市。阿马特里切烟熏猪脸肉，名字取自阿马特里切，意为"百座教堂之城"。它用猪脸肉制作而成，猪头必须是从猪的喉咙处割下。将外形呈三角形、肥瘦相间的肉放入盐里腌制四五天，然后冲洗干净，滤干水分，表面撒上胡椒粉和辣椒粉入味。准备就绪后放在橡木火上方烟熏三四天，温度保持在 10~15℃，以此方法熏几个月直至熟成。

这是一种味道丰富，仍然采用传统的制作工艺加工而成的产品。它有悠久的历史，尽管第一份证明阿马特里切烟熏猪脸肉加工方法的官方文献是 Gioacchino Murat 于 1811 年起草的那不勒斯王国的统计数据，但是这种产品在几个世纪以来一直是当地牧羊人日常饮食中的主要食材。因为它容易存放，能量高，能够支撑牧羊人赶着牛羊从一个牧场辗转至另一个牧场，也可以支撑牧羊人长期待在山上。因此，阿马特里切烟熏猪脸肉因其独特性被列入传统区域性食品就不足为奇了。

在古代，这种烟熏猪脸肉通常与该地区另一种特色产品——阿马特里切奶酪一起搭配食用。这种具有强烈风味的冷肉，切的时候必须非常小心，肥肉呈白色，瘦肉呈明亮的红色。现在，由它做成的阿马特里切酱已经成为风靡意大利和世界各地的意面佐酱。

在传统食谱中，阿马特里切烟熏猪脸肉常被切成条，放入平底煎锅中高温处理，接着加入切碎的番茄（还有一种白色的阿马特里切酱，不放番茄）、少许辣椒末和盐，再撒上少许黑胡椒。这样做成的酱可以搭配意大利面使用（通常用直面或吸管面，后者为一种通心直面，较粗），再撒上少许磨碎的佩科里诺奶酪（罗马诺奶酪和阿马特里切奶酪均可）。

注：本节后面的两个食谱中所用烟熏猪脸肉均为意大利传统区域性食品中的阿马特里切烟熏猪脸肉。

辣椒烟熏猪脸肉意面

Spaghetti alla Chitarra alla Gricia

做法：

1. 面粉里打入鸡蛋，倒入白葡萄酒，揉成光滑有弹性的柔软面团。用湿布盖住静置20分钟。

2. 将面团擀薄成3毫米厚的面片，切成类似吉他琴弦的细面条（Guitar是用于切割这种意面的专用工具，横截面是正方形）。

3. 把面放在Guitar切面工具上，用擀面棍均匀按压，切成细面条。将切好的面条摆在撒了少许粗面粉的盘子里，避免面条互相叠压。

4. 将面条放入煮沸的淡盐水中煮6~7分钟。

5. 另起一锅，倒入橄榄油，中火加热，油煎切成片状的阿马特里切烟熏猪脸肉，根据个人口味加入适量红辣椒（不需要加入更多的油脂，只需使熏肉上的肥肉释放出油脂）。

6. 当面条煮至有嚼劲的时候捞出沥干水，倒进盛有做好的猪脸肉的锅中，充分翻炒混合，装盘后撒上磨碎的佩科里诺罗马诺奶酪和新鲜研磨的黑胡椒粉。

操作难度： 中

准备时间： 30 分钟

静置时间： 20 分钟

烹饪时间： 6~7 分钟

分量： 4 人份

用于制作面团：

"00"号面粉 200 克

粗面粉 100 克

鸡蛋 2 个

白葡萄酒 50 毫升

用于制作酱汁：

阿马特里切烟熏猪脸肉 250 克，切片

特级初榨橄榄油 50 毫升

佩科里诺罗马诺奶酪 60 克，磨碎

红辣椒适量

调味盐和黑胡椒粉适量

佩科里诺奶酪配蚕豆烟熏猪脸肉咸派

Bean and Guanciale Amatriciano P.A.T. Quiche

with Cream of Pecorino

做法：

1. 将蚕豆煮几分钟，捞出来沥干水，剥掉豆皮。

2. 将阿马特里切烟熏猪脸肉切成片，在平底锅中微煎，不用加其他油脂。再加入切好的洋葱，翻炒 1 分钟变色后加入蚕豆。

3. 继续煸炒几分钟，倒入搅拌器中。加入鸡蛋和奶油，搅拌使其充分融合。加入少许盐和胡椒粉调味。

4. 倒入抹了黄油的模具中，在 150℃的双层蒸锅里烘蒸约 20 分钟。

5. 蒸好后静置 5 分钟后从模具中取出。

6. 制作佩科里诺奶油奶酪。将奶油煮沸，加入佩科里诺奶酪，再加入少许盐和胡椒粉调味，放在小火上煮至想要的浓度。

7. 搭配奶油奶酪将咸派装盘。

操作难度： 低

准备时间： 30 分钟

烹饪时间： 20 分钟

分量： 4 人份

蚕豆 300 克，去壳

洋葱 50 克

奶油 150 毫升

鸡蛋 3 个

阿马特里切烟熏猪脸肉 60 克

调味盐和胡椒粉适量

涂抹模具用的黄油适量

用于制作佩科里诺奶油奶酪：

奶油 100 毫升

佩科里诺奶酪 60 克，磨碎

调味盐和胡椒粉适量

科隆纳塔盐渍肥猪肉I.G.P.

Lardo di Colonnata I.G.P.

意大利有一个地方，大理石或者用于建造教堂和纪念堂，或者装潢富豪的宅邸。在卡拉拉市有一个名叫科隆纳塔的小镇，坐落在阿尔卑斯山的一侧，那里分布着很多古罗马时代的古老洞穴，文艺复兴时期米开朗琪罗用卡拉拉盛产的大理石做雕塑，而这种大理石恰恰是制作盐渍肥猪肉的上等器皿。

顺着猪的背脊皮肤切下肥肉，抹上海盐和胡椒粉、肉桂、丁香、芫荽、鼠尾草和百里香等香草，放入由卡拉拉大理石凿成但表面磨得平滑的大缸内，缸内事先用大蒜摩擦过。先放一层肥肉，然后是一层盐和香料的混合，依序重复，填满后覆盖上同样是用卡拉拉大理石制成的顶盖。之后定期查看，6~10个月之后缸内肥肉应当已经腌制完成，可以打开盖子了。

科隆纳塔盐渍肥猪肉是一种地理标志受保护产品，它的生产严格遵守《生产条例》的相关规定。在外观上，这种盐渍肥猪肉比较湿润，呈浅粉色，质地柔和均匀。在味道上，它风味独特，细腻鲜美、肥而不腻，几乎可以说是甜滋滋的，通过盐渍所用的香草和香料增强香味，无可挑剔。

科隆纳塔村似乎建成于前40年左右，当时是为解决那些在采石场里集中开采的工人的住宿问题而修建，他们源源不断地为古罗马提供大理石，价格比希腊大理石更便宜。由于持续的采矿活动，这个村庄一直保存至今。有肉类加工，肯定要养猪为肉食加工提供原材料，据说这种养殖方法和制作出1000年就闻名遐迩的美味猪油的方法似乎是在中世纪由伦巴第人引入的，他们受到该地区生长的大量栗子树的启发。

在过去，人们只把这种盐渍肥猪肉当作一种简单的配料。由于它热量高，所以只被当作昔日的大理石采矿场穷苦工人们用来搭配面包的佐餐粗食。如今，科隆纳塔盐渍肥猪肉不再是穷人的食品了，它代表着一种精致高雅的珍馐。因为风味细致、口感鲜嫩，它可以无须烹饪，切成薄片直接入口，或搭配烤好的面包片一起食用。或者与诸如贝类的食材做成创意搭配，当然还可以出现在其他各种佳肴中，比如科隆纳塔盐渍肥猪肉和蘑菇意面、巴萨米克醋配牛里脊肉，或者加入传统的意式菜肴中，如经典面食、豆类、玉米糊或猪油鳕鱼。

注：本节后面的两个食谱所用盐渍肥猪肉均为受地理标志保护认证的科隆纳塔盐渍肥猪肉。

科隆纳塔盐渍肥猪肉裹大虾

Prawns Wrapped with Lardo di Colonnata I.G.P.

做法：

1. 将对虾仔细清洗干净，去除外壳（对虾外骨骼的一部分，即甲壳类动物身上保护头和躯体的部分），保留虾头、虾尾。

2. 去除虾线（对虾背上的一条黑线），然后抹上少许盐和胡椒粉。

3. 分别用两片科隆纳塔盐渍肥猪肉裹住每只虾子的尾巴。

4. 在平底煎锅中倒入橄榄油加热，对虾两面分别煎 1 分钟至对虾变色。

操作难度： 低

准备时间： 20 分钟

烹饪时间： 2 分钟

分量： 4 人份

对虾 350 克

科隆纳塔盐渍肥猪肉 100 克，切片

特级初榨橄榄油 20 毫升

调味盐和胡椒粉适量

珍珠鸡卷科隆纳塔盐渍肥猪肉

Guinea Fowl Roll

with Lardo di Colonnata I.G.P.

做法：

1. 将杜松子和一半的香草（即鼠尾草、迷迭香、月桂叶和杜松子）剁碎。

2. 将科隆纳塔盐渍肥猪肉切成约 1 厘米的厚片，浸入剁碎的香料中入味。

3. 将珍珠鸡胸肉洗干净，对切。撒上盐和胡椒粉。

4. 将科隆纳塔盐渍肥猪肉放在其中一块珍珠鸡胸肉上面。

5. 再压上另一块珍珠鸡胸肉，用保鲜膜裹住，形成规则的造型。

6. 用锡箔纸再包裹一层，然后放入沸水中煮半小时左右。

7. 取出放凉后去掉锡箔纸和保鲜膜，然后放入倒了橄榄油的平底煎锅中略煎一会儿，使之略微变色。

8. 加入珍珠鸡胸肉其余的部分、大蒜、剩余的香草，再倒入玛沙拉白葡萄酒，以增加光泽。

9. 炖煮，直至呈糖浆状，然后过滤出酱汁。

10. 把鸡肉卷切片，浇上酱汁装盘食用。

操作难度： 高

准备时间： 30 分钟

烹饪时间： 30 分钟

分量： 4 人份

珍珠鸡胸肉 500 克

科隆纳塔盐渍肥猪肉 60 克

鼠尾草叶子少许

迷迭香 2 枝

月桂叶 1 片

杜松子 4 颗

大蒜 1 瓣

特级初榨橄榄油 30 毫升

玛沙拉白葡萄酒 50 毫升

调味盐和胡椒粉适量

诺尔恰卡斯特鲁奇奥扁豆I.G.P.

Lenticchia di Castelluccio di Norcia I.G.P.

尽管它的同胞们亲切地将它称之为"lenta"（意为"慢慢的"），但是说到它如何广为人知、家喻户晓，那速度可是相当快的。诺尔恰卡斯特鲁奇奥扁豆是体现翁布里亚这个小村庄精华的代表产品，随着时间推移它越来越受欢迎，并且口碑载道。

每到 6 月，成千上万种野花在一片广袤无垠的平原上肆意盛放，宛如印象派绘画里面无穷无尽的色彩一般，这种身形娇小的豆科植物就生长在这般绚烂铺陈的缤纷之中。它有着扑鼻的、极易辨认的味道。如今，它已经征服了意大利和世界上很多地方的餐桌，广受食客的追捧。

这种既是水果又是蔬菜的产品获得了地理标志保护质量认证商标，同名的农业合作社致力于保护其来自正宗产地，帮助提升其品质。它是卡斯特鲁奇高原的代表性产品，这片高原位于海拔 1500 米高的锡比利尼国家公园的中心地带。翁布里亚农业文明的发展之初，就已经开始种植这种扁豆了，它对寄生虫有不同寻常的抵抗能力——这是拜高原地区严酷的自然条件和恶劣的气候所赐。

现在，人们依然如往昔般持续种植这种扁豆，由于种得实在太多，在 5 月初播种之后，上了年纪的农民都会走到田间地头巡逻，举行老祖先的祈福仪式，祈求老天保佑他们的扁豆不受火灾、暴风雨、干旱以及蝗灾的侵扰。每一块田野里都放上橄榄枝做成的十字架，地上撒一些福佑过的煤炭和几滴圣水，并向圣本迪尼克特和圣圣斯考拉斯祈祷。如同古代一样，这种扁豆的品质仍然承载着某种神圣色彩。

诺尔恰卡斯特鲁奇奥扁豆的营养价值非常值得一说：其蛋白质、维生素、各种纤维和矿物质含量非常高，所以对于那些需要摄入富含铁、钾、磷元素，但又追求低脂肪、高营养饮食的人群来说，它真是最理想的食物。不过，它的优点还不止如此呢：它是现代烹饪的好搭档，因为它有着又薄又软的皮肤，所以不用浸泡就能直接烹饪，这大大缩短了准备时间。

它和猪脚香肠一起，就是一道圣诞节特色菜的联合主演；对于清蒸汤羹、意面酱抑或涂抹吐司用的奶油来说，它则是一个轻量级选手。诺尔恰卡斯特鲁奇奥扁豆在厨房里既能做到精致典雅，又能做到灵活多变。按照意大利传统，如果在一年的最后一天吃了这种扁豆，来年就会兴旺发达。它是好兆头的化身。

注：本节后面的两个食谱所用扁豆均为受地理标志保护认证的诺尔恰卡斯特鲁奇奥扁豆。

香肠土豆饺子配诺尔恰卡斯特鲁奇奥扁豆泥

Sausage and Potato Tortelli with Cream of Lenticchie di Castelluccio di Norcia I.G.P.

做法：

1. 将洋葱切碎。平底煎锅倒入少许橄榄油加热，放入洋葱、月桂叶和丁香煸炒至洋葱变色。

2. 加入提前漂洗干净并沥干水分的诺尔恰卡斯特鲁奇奥扁豆，煸炒至略微变色。接着加入捣碎的番茄和蔬菜高汤。加入盐和胡椒粉调味。

3. 扁豆熟了后，从中挑出香料，然后搅拌成泥。

4. 面粉中打入鸡蛋，揉成面团。

5. 将面团包上塑料保鲜膜放入冰箱冷藏静置30分钟。

6. 去掉香肠肠衣，在平底煎锅中略煎7~8分钟，处理成小碎块。

7. 将土豆煮熟，捣碎，然后加入香肠丁、鸡蛋和磨碎的帕尔玛奶酪，拌匀。加入盐、胡椒粉以及磨碎的肉豆蔻增添香味。

8. 把面团擀薄成皮，用裱花袋把做好的馅料铺在面上，然后再盖上一张面皮，做成饺子的形状，再用一个有轮的切面器切成单个饺子。

9. 水中加入少许盐煮沸，再放入饺子煮熟，捞出来与扁豆泥翻炒均匀即可装盘。

操作难度： 中

准备时间： 60 分钟

烹饪时间： 3~4 分钟

分量： 4 人份

用于制作面团：

白面粉 300 克

鸡蛋 3 个

用于制作馅料：

香肠 200 克

土豆 200 克

帕尔玛奶酪 60 克，磨碎

鸡蛋 1 个

肉豆蔻适量，磨碎

调味盐和胡椒粉适量

用于制作扁豆泥：

特级初榨橄榄油 20 克

洋葱 50 克

月桂叶 1 片

丁香 1 粒

诺尔恰卡斯特鲁奇奥扁豆 300 克

番茄 100 克，捣碎

蔬菜高汤（用于覆盖扁豆）

调味盐和胡椒粉适量

诺尔恰卡斯特鲁奇奥扁豆浓汤

Lenticchie di Castelluccio di Norcia I.G.P. Soup

做法：

1. 用清水将诺尔恰卡斯特鲁奇奥扁豆漂洗干净。

2. 将洋葱、胡萝卜和芹菜洗净并切碎，放入倒了橄榄油的深平底锅中煸炒至略微变色。加入诺尔恰卡斯特鲁奇奥扁豆，煸炒至略微变色后加入捣碎的番茄和香薄荷，然后加入蔬菜高汤，炖煮约 45 分钟，让蔬菜吸收更多的汤汁，保持软嫩。加盐调味。

3. 搅拌几下蔬菜使汤羹更为浓稠，最后淋少许橄榄油和新鲜研磨的黑胡椒粉调味。

操作难度： 低

准备时间： 15 分钟

烹饪时间： 45 分钟

分量： 4~6 人份

诺尔恰卡斯特鲁奇奥扁豆 300 克

特级初榨橄榄油 50 毫升

洋葱 50 克

胡萝卜 50 克

芹菜 25 克

番茄 50 克，捣碎

蔬菜高汤 1 升

香薄荷适量

调味盐和黑胡椒粉适量

阿马尔菲柠檬 I.G.P.

Limone Costa d'Amalfi I.G.P.

肥厚的外皮下跳动着一颗柔软的内心，酸涩的外表下隐藏了一个温和的灵魂。这就是阿马尔菲的柠檬：锥形，中等个头，淡黄色，因为含有大量精油成分，浓烈的香气随剥皮时的咝咝声直扑鼻翼，柔软多汁的果肉，适度的酸味，还有几乎可以忽略不计的柠檬子。

它的故乡因为悠久的艺术和历史文化被联合国教科文组织评为世界文化遗产。这里的柠檬——一种特殊的柑橘属植物，令人心情舒爽、阳光明媚，因自身特殊的价值已经于 2001 年开始受到地理标志保护商标的保护。同时，同名联合企业也根据《生产条例》的规定确保其产地的正宗性并持续推广该产品，保护柠檬种植和加工的悠久传统，确保当地柠檬的化学特性、外观、气味等感官特性不受影响。

11 世纪，阿马尔菲海岸沿线出现了第一个柠檬园，人们把它当作一个真正的花园照看，结出的柠檬果实随后出现在烹饪中，人们甚至可以用柠檬做出菜单上所有的菜。不仅如此，这种柠檬因其本身的特点备受阿马尔菲居民的青睐，柠檬果还出现在了药柜中，它所含的维生素C（抗坏血酸）高于其他品种的柠檬，这种维生素可以用于治疗轮船上突发的坏血病。它最初的名字是"Limon amalphitanus"，后来更名为"limone sfusato"。多亏了意大利以及后来欧洲和美国蓬勃发展的海运贸易，阿尔马菲柠檬从 15 世纪开始逐渐蜚声海外。

这种珍贵的柠檬盛产于整个阿马尔菲海岸 13 个城镇中有名的梯田里，远远看去，一大片黄色的"海"眺望着下面湛蓝的海水。这不但有助于保护当地水土地质结构——耕种恢复了陡峭地形中难以利用的土地，而且还在不经意间成了当地著名的景观。

阿马尔菲柠檬不做烹饪单独食用味道就很好，但是它也可以入菜，比如加入散发鲜香气味的菜肴。它是制作多种酱汁不可或缺的原材料，比如和鱼搭配的 salmoriglio 酱（一种用橄榄油、柠檬、香草和大蒜制成的酱）、调拌蔬菜沙拉的 citronette 酱（类似于青柠蜂蜜汁）等。它常常出现在许多地中海式烹饪的开胃菜中，常见的有金枪鱼奶油馅柠檬；或放在头盘意面、用鱼烹饪的第二道菜中增添清新风味，比如黄油煎蓝鳕；或者加入嫩牛肉片中，当然还可以拿来做配菜和甜品——奶油、布丁、冰激凌、果汁牛奶冻、蛋糕、馅饼、甜甜圈、饼干……除此之外，果酱、橘子酱、果冻、利口酒等香甜王国中也有它的一席之地，比如意大利柠檬甜酒和阿马尔菲柠檬西西里奶油利口酒。

注：本节后面的两个食谱所用柠檬均为受地理标志保护认证的阿马尔菲柠檬。

阿马尔菲柠檬乳佐鳕鱼片

Cod Fillet Confit

with Limone Costa d'Amalfi I.G.P. Emulsion

做法：

1. 将茴香择洗干净，切成 1 厘米的小段。

2. 在平底煎锅中倒入橄榄油，放入茴香、盐和胡椒粉炒香。再加入一长柄勺热水，加盖烹煮 5 分钟。

3. 将鳕鱼皮和所有骨头都剔除，抹上少许盐和胡椒粉入味。

4. 在能装下 4 片鳕鱼柳的小锅中，倒入橄榄油，放入蒜瓣和百里香。

5. 加热至 65℃时加入鳕鱼片，确保鱼片上全部有橄榄油。

6. 保持温度不变，油煎 8 分钟。用烹饪温度计检查温度。之后捞出来沥干多余油分。

7. 制作柠檬乳。用搅拌器把橄榄油和热水混合打发，一点一点加入用阿马尔菲柠檬制成的柠檬汁和少许盐、胡椒粉。

8. 当完全变成乳脂状，稠度均匀后，在双层蒸锅中蒸 3 分钟。

9. 盘底放上茴香，将鳕鱼装盘，浇上阿马尔菲柠檬乳装盘上桌。

操作难度： 低

准备时间： 20 分钟

烹饪时间： 8 分钟

分量： 4 人份

鳕鱼柳 4 片，每片 130 克
特级初榨橄榄油 30 毫升
茴香 1 个
蒜瓣 1 个
百里香 1 枝
调味盐和胡椒粉适量

用于制作柠檬乳：

特级初榨橄榄油 75 毫升
热水 40 毫升
阿马尔菲柠檬 1 个
调味盐和胡椒粉适量

阿马尔菲柠檬佐意大利细面条

Vermicelli Noodles "Risottati"
with Limone Costa D'Amalfi I.G.P.

做法:

1. 将阿马尔菲柠檬洗净、晾干、去皮(只取柠檬皮的部分)。把皮切成细条,放在水里漂洗3次,以便去掉皮上的苦味。漂洗的水每次都要倒掉,换上新水。

2. 洗完后,将柠檬皮放在锅中,加入清水,煮至水几乎全沸,煨煮15分钟。

3. 准备一个锅口直径与细面条长度相当的深平底锅,倒入深不到1厘米的柠檬水,加入盐和细面条。

4. 继续煮,面条吸收汤汁之后加入柠檬水,一次加一点儿即可。

5. 当面条煮至有嚼劲的时候,倒入橄榄油搅拌均匀,再加入少许切碎的欧芹和新鲜研磨的胡椒粉。

6. 将面装盘,根据个人口味撒上适量磨碎的佩科里诺奶酪。

操作难度: 低

准备时间: 20 分钟

烹饪时间: 13 分钟

分量: 4 人份

意式细面条(细面条,常折碎做汤)300 克

阿马尔菲柠檬 3 个

清水 2.2 升

特级初榨橄榄油 25 毫升

欧芹 1 根

佩科里诺奶酪适量

调味盐和胡椒粉适量

卡拉布里亚洋甘草 D.O.P.

Liquirizia di Calabria D.O.P.

科里利亚诺公爵似乎是第一个意识到将洋甘草商业化的人。1715 年，当他因这种大量生长在卡拉布里亚海岸的植物散发出来的天然浓郁香气而陶醉时，他就立刻发现了这种甘草植物的潜在商机。他当机立断，很快就创建了一个工厂，邀请了当地富豪、贵族建在西巴里的同类工厂加入。他们生产的产品甚至在国外市场都获得了成功，而且事实也证明这种产品利润可观：他们的产品数量丰富，质量上乘，从根茎收获到加工生产环节的各阶段都有经验丰富的工人和技术人员把关，所有这些铸就了洋甘草产品真正的成功。

在 19 世纪一直到第二次世界大战期间，多种国际因素使得卡拉布里亚洋甘草生产陷入了危机。当时，很多古老的工厂都被废弃了，只有少数企业得以生存下来。这些企业确保了卡拉布里亚洋甘草直到 21 世纪都一直是一种"安全和健康的产品"。如今，这种神奇的卡拉布里亚洋甘草根茎出产于该地区沿海地区，主要产区包括卡斯特罗维拉里、科里利亚诺、罗萨诺。它在世界各地备受重视，不仅因其在工业领域的多种用途（尤其在制糖业），而且因其对健康的诸多裨益——它对呼吸和消化系统很有帮助，还有助于消炎，促进伤口愈合，兼具解渴功效。

自 2011 年开始，卡拉布里亚洋甘草的根茎及洋甘草精都是获得欧盟认证的原产地名称保护产品。同时，它有同名联合企业负责保护品质并稳定物价。卡拉布里亚优良的土壤和气候条件使得那里生长的洋甘草质量优于其他同类品种，它的香味极其浓烈，与其说是苦不如说是带些甜滋滋的味道。它被亲切地称为"卡拉布里亚公主"，绝对名副其实。

市场上出售的洋甘草有可以作为咀嚼物的根茎，剁碎也可以用于煎煮泡茶，抑或磨成粉末。在水中将根茎煮熟，煮后的液体蒸发得到浓缩物，通过这种方式获取的洋甘草精以各种形式在销售。无论是单纯的根茎或甘草精，卡拉布里亚洋甘草都广泛用于烹饪中，为各式菜品增添独特的香味，比如用在各种开胃菜、前两道主菜以及甜品中。

注：本节后面的两个食谱所用洋甘草均为经过原产地名称保护认证的卡拉布里亚洋甘草。

卡拉布里亚洋甘草佐扇贝

Scallops with Liquirizia di Calabria D.O.P.

做法:

1. 将芹菜洗净,用去皮器把粗纤维部分去掉,切成薄薄的丝,浸在凉水中待用。

2. 将橙子和西柚去皮,去掉白膜,用刀划过果肉和衬皮(皮和瓤之间)之间,把整个果肉剥出来,再分成单独的橙子瓣。

3. 剥皮后,用手将果肉挤成汁。

4. 加入盐、胡椒粉和橄榄油,用搅拌器拌匀,做成浇头待用。

5. 用盐和胡椒粉腌制扇贝。橄榄油入锅(可以用不粘锅)加热,将扇贝肉两面各煎1分钟。

6. 在每个盘子中都摆放少许沙拉叶和芹菜丝,放入扇贝,浇上水果做成的浇头,再撒少许卡拉布里亚洋甘草精即可上桌。

操作难度: 中

准备时间: 30 分钟

烹饪时间: 2 分钟

分量: 4 人份

扇贝 12 个

橙子 1 个

西柚 1 个

特级初榨橄榄油 30 毫升

芹菜 100 克

什锦沙拉叶 60 克

卡拉布里亚洋甘草精适量

调味盐和胡椒粉适量

卡拉布里亚洋甘草烹牛里脊肉配土豆饼

Veal Tenderloin with Liquirizia di Calabria D.O.P. and Potato Cracker

做法：

1. 将土豆去皮、洗净，切成细丝。

2. 在平底煎锅中（或不粘锅）融化黄油，加入土豆丝，接着加盐和胡椒粉调味，用两个锅铲搅拌。

3. 土豆变软后用锅铲压碎，形成煎饼状。将一面煎成金黄色后，翻至另一面也煎至金黄色（共需约 15 分钟）。

4. 将卡拉布里亚洋甘草根茎切段，在小锅里倒入没过根茎的凉水。小火炖煮约 10 分钟。

5. 用肥猪肉将每块牛里脊肉的边沿包住，拿厨房用绳捆好。在里脊肉上抹少许盐和胡椒粉。平底煎锅中加入黄油加热融化，放入百里香炒香，接着放入牛里脊肉。煎几分钟后拿出来保温待用。倒入适量洋甘草根茎熬制的高汤。

6. 加入牛骨汤和洋甘草粉，再用少许盐调味，然后放入煎好的牛里脊肉一起烹饪直至达到想要的熟度。和土豆饼一起装盘。

操作难度：中

准备时间：10 分钟

烹饪时间：20 分钟

分量：4 人份

牛里脊肉 4 块，每块 150 克

肥猪肉 60 克，切片

卡拉布里亚洋甘草根茎 2 根

黄油 30 克

百里香 2 枝

卡拉布里亚洋甘草粉少许

牛骨汤 30 克（或肉膏 5 克，溶解于 25 毫升水中）

调味盐和胡椒粉适量

用于制作土豆饼：

土豆 750 克

黄油 30 克

调味盐和胡椒粉适量

卢尼贾纳蜂蜜D.O.P.

Miele della Lunigiana D.O.P.

关于卢尼贾纳蜂蜜，早在 1508 年就已经有相关数据谱写了它的传说。在蓬特雷莫利联邦历史悠久的卢尼贾纳地区，一项普查显示，当地有 441 头奶牛、41 头猪、32 匹马和 15 只猴子，但是你知道蜂巢有多少个吗？331 个！甚至在马格拉河集水区域和鲁尼——名字来源于古罗马城市，养蜂业竟然是一项广泛进行、根深蒂固的活动。在此后的几个世纪里，随着蜂蜜继续被当作一种稳定剂和制作糖果的成分来使用（Spongata lunigianese 就是一种加了蜂蜜做成的最早的甜食），甚至作为一种药材使用，这项活动的重要性以及蜂蜜加工业的市场也在卢尼贾纳得到了充分的肯定和延续。

卢尼贾纳的蜂蜜在生产加工的每个阶段都与孕育它的自然环境有着密不可分的关系。卢尼贾纳当地人口稀少，工业不是十分发达。2004 年，当地产的蜂蜜就通过了欧盟的原产地名称保护认证，槐花蜜和板栗蜜这两种类型的蜂蜜都享受该标识的保护。同时，同名的联合企业致力于保护原产地，确保蜂蜜出自正宗产地，监督厂家严格遵守《生产条例》的规定生产蜂蜜。卢尼贾纳地区的 14 个自治市都是原产区，那里非常适合养蜂，因为花蜜资源丰富，居住在该地区和意大利的养蜂人所提供的蜂蜜品质绝佳。

卢尼贾纳的槐花蜜（在卢尼贾纳地区，刺槐种植自19 世纪后期已经非常稳定），浓稠均匀，颜色清淡，几乎呈透明色或明亮的稻草黄。它的香味很微妙，持久，散发着水果香，特别像某种糖果，又宛若某种花朵的香气，而味道则非常甜美，酸味几乎可以忽略不计，更没有苦味。卢尼贾纳的板栗蜜（自罗马时代起当地就种植板栗树），有的是纯液体，有的则有微小的结晶体，呈深琥珀色，大多数还有淡淡的红色，香味浓烈持久，同时含有一股若有若无的苦味。

卢尼贾纳蜂蜜（槐花蜜和板栗蜜）单独食用味道就很好，也可以作为一种天然甜味剂放入饮品中，抹在吐司上食用。此外，将蜂蜜和佩科里诺托斯卡纳这样的硬质奶酪搭配也很完美，还可以作为一种配料加入甜点、小吃中。例如，蜂蜜抹在烤鸡上可以添色增香。

注：本节后面的两个食谱所用蜂蜜均为经过原产地名称保护认证的卢尼贾纳蜂蜜。

卢尼贾纳蜂蜜红洋葱酱佐鸭胸肉

Breast of Duck with Miele della Lunigiana D.O.P.
and Red Onion Marmalade

做法：

1. 制作红洋葱酱。将红洋葱去除外皮，切成薄片。放入深平底锅，加入卢尼贾纳板栗蜜、糖，小火烹饪约 30 分钟，若锅里太干可以加入少许热水。

2. 鸭胸肉上撒上盐和胡椒粉，腌制入味，放入平底煎锅中煎制。先煎带皮的那一面，两面各煎 2 分钟。

3. 放入双层蒸锅中，加入蒜瓣、洋葱头和香草，烘蒸约 10 分钟。

4. 将烤好的鸭胸肉包好锡箔纸静置几分钟再切片。

5. 从砂锅中倒出烘烤过程中产生的油脂，然后加入卢尼贾纳蜂蜜。

6. 炖煮至想要的浓度，然后滤出酱汁。

7. 鸭胸肉上浇上酱汁，搭配红洋葱酱一起装盘。

操作难度： 低
准备时间： 35 分钟
烹饪时间： 14 分钟

分量： 4 人份

鸭胸肉 2 块
洋葱头 50 克
蒜瓣 1 个
迷迭香、鼠尾草、月桂适量
调味盐和胡椒粉适量
卢尼贾纳板栗蜜 60 克

用于制作红洋葱酱：
红洋葱 400 克
红糖 10 克
卢尼贾纳板栗蜜 50 克

卢尼贾纳蜂蜜牛轧糖

Nougat with Miele della Lunigiana D.O.P.

做法：

1. 在铜锅里加热卢尼贾纳槐花蜜。

2. 搅打蛋清，然后倒入煮沸的蜂蜜中。继续烹煮，搅拌，直至温度达到120℃，用烹饪温度计确认。最后加入少许香草粉。

3. 同时，在葡萄糖浆中加入糖，加热，直至温度达到120℃，接着倒入步骤2的蛋清中。

4. 放入榛子、杏仁和开心果，继续搅拌，然后放入预热至100℃的烤箱中保温。再倒入烘焙盘中，烘焙盘中铺一层薄脆饼（如果没有薄脆饼，可以将黄油涂抹在蜡纸上）。

5. 在这层牛轧糖上面铺一层薄脆饼，用擀面棍擀平表面，在上面放一层稍有重量的物体压住，之后切成小方块。

操作难度： 高

准备时间： 10 分钟

烹饪时间： 60 分钟

分量： 4~6 人份

卢尼贾纳槐花蜜 100 克

鸡蛋清 30 克

糖 100 克

葡萄糖浆 40 克

清水 20 毫升

烤榛子 80 克

去壳开心果 50 克

未剥皮的杏仁 70 克

薄脆饼 2 张

香草粉适量

克雷莫纳芥末汁蜜饯P.A.T.

Mostarda di Cremona P.A.T.

　　"太遗憾了！"中世纪时期克雷莫纳修道院里的僧侣们一定是这么想的。因为当时他们有大量的水果却不知道如何保存至冬天。我们相信一定是因为这种遗憾才促成了克雷莫纳芥末汁蜜饯的发明——这种用整个水果或切片水果做成的蜜饯。与其他类似的蜜饯不同的是，克雷莫纳芥末汁蜜饯完好地保存了水果的特性，它将不同种类的果脯（通常有梨、榅桲、杏、桃子、无花果、樱桃、柑橘、橙子和菠萝），或囫囵，或切成大块，腌制在用芥末精调味的糖浆中。如此，辛辣的芥末遇上香甜的水果，形成一种甜中带辣、非常刺激的味道，完美地定义了这种独一无二的芥末汁蜜饯。

　　芥末汁蜜饯在意大利北部非常流行，它使用当地产区的各种材料制作而成，当然克雷莫纳出产的芥末蜜汁饯无疑是最有名气、最受好评的。因为自身的独特性，这种产品已经被认定为意大利传统区域性食品。

　　1288 年，"芥末"一词首次出现于法国，来源于"Mustum Ardens"，古罗马人用该词表达在葡萄汁里加入芥菜子粉"燃烧"的状态——这是为了做成一种可以帮助保存像水果那样容易腐烂的食品。芥末这一"概念"于 16 世纪，或许更早之前传入了意大利波河流域，然后在克雷莫纳自成一派，成为一种单一的产品。早在 1533 年，克雷莫纳芥末汁蜜饯就被作为法国王后凯瑟琳·德·美第奇的嫁妆之一，她将其带给瓦卢瓦亨利二世。

　　如今的克雷莫纳芥末汁蜜饯从意大利最好的产区精心挑选水果，依然采用古老而传统的配方做成。在平安夜或新年前夕的餐桌上，芥末汁蜜饯通常在两道菜之间上桌，不过一年四季任何时间它都可以出现在餐桌上。这是一种精致细腻的食品，因为如果和煮熟的肉，像鸡肉、火鸡肉这样的白肉，以及香肠、鹿肉等烤肉搭配一起吃，它会给肉添加一种无法描述的微妙味道。它和其他开胃菜也是完美搭档。例如，腌肉和奶酪都是很不错的选择，味道温和淡雅的克莱森萨奶酪、皮埃蒙特托米诺奶酪或者味道更强力的戈贡佐拉奶酪均可。

注：本节后面的两个食谱所用芥末汁蜜饯均为意大利传统区域性食品中的克雷莫纳芥末汁蜜饯。

猪肉香肠配克雷莫纳芥末汁蜜饯和酒香蛋黄羹（萨白利昂）

Cotechino with Zabaglione

with Mostarda di Cremona P.A.T.

做法：

1. 锅中加入大量凉水，不要加盐。用叉子在猪肉香肠上戳些小孔，放入水中烹煮。水煮沸后，关小火炖煮约 2 小时。

2. 同时，将土豆去皮，放入加了少许盐的水中煮约 25 分钟（用牙签检查一下，须煮至全熟）。

3. 用蔬菜研磨器或土豆搅拌器之类的工具将土豆压成泥，然后和猪肉香肠混合。加入黄油和帕尔玛奶酪，再用肉豆蔻调味。

4. 在另一个锅中煮沸牛奶，倒入土豆泥中。加少许盐，搅拌均匀，保温放置。

5. 猪肉香肠煮好后，取出绳子，切成有一定厚度的均匀薄片，保温放置。

6. 制作萨白利昂甜酒。从克雷莫纳芥末汁蜜饯中过滤出 1/3 杯的糖浆。将糖浆、干白葡萄酒以及蛋黄倒入平底锅（铜锅最佳），搅拌均匀。

7. 放在双层蒸锅（中火）上继续搅打至煮沸。保持这种状态 1~2 分钟。

8. 立即与猪肉香肠搭配装盘上桌，剩下的芥末汁蜜饯和土豆泥单独用小碟装盘上桌。

操作难度：中 🎩 🎩

准备时间：30 分钟 🕐

烹饪时间：2 小时

分量：4 人份

猪肉香肠 1 根，约 400 克

用于制作萨白利昂（一种意大利甜酒）：

鸡蛋黄 2 个

克雷莫纳芥末汁蜜饯 250 克

干白葡萄酒 120 毫升

用于制作土豆泥：

土豆 400 克

牛奶 250 毫升

黄油 60 克

帕尔玛奶酪 70 克

肉豆蔻适量

调味盐适量

克雷莫纳芥末汁蜜饯配意大利肉冻

Terrine of Mixed Italian Meats

with Mostarda di Cremona P.A.T.

做法：

1. 锅中加入大量凉水，将猪肉香肠放入烹煮，中火煮 1 小时至水滚沸。

2. 另外起锅，加水加盐，放入牛舌煮至可以用叉子戳穿。

3. 在第三个锅中加入足够多的水，加入韭菜、用丁香刺穿过的洋葱、芹菜秆、切碎的胡萝卜，再加少许盐调味，煮至水滚沸。

4. 在锅中放入准备的各种牛肉，在第四个锅中放入鸡肉。小火继续烹煮（根据肉质情况，需要至少 1~2 小时）。煮至需要的熟度后拿出来沥干水分。

5. 所有食材冷却后，切成方块。

6. 撇去肥油，过滤出牛肉高汤，取出 0.5 升的量用来融化食用明胶（提前在凉水中软化）。

7. 在模具中铺好塑料保鲜膜，摆上切好的肉块。

8. 再倒入食用明胶，放入冰箱冷却至少 2 小时。

9. 冷却后将肉冻切成片，搭配克雷莫纳芥末汁蜜饯装盘。

操作难度： 高 ☐ ☐ ☐

准备时间： 30 分钟 🕐

硬化时间： 2 小时

烹饪时间： 2 小时

分量： 6~8 人份

鸡半只

侧腹牛排 500 克

牛肩胛肉 500 克

牛柳 300 克

牛舌半个

猪肉香肠 1 根

食用明胶 6~8 片

洋葱 1 个

胡萝卜 2 根，切碎

芹菜秆 2 根

韭菜 1 根

丁香 1 粒

调味盐适量

克雷莫纳荞末汁蜜饯适量

坎帕纳水牛马苏里拉奶酪D.O.P.

Mozzarella di Bufala Campana D.O.P.

这曾经是朝圣者的午餐：17 世纪，主教虔诚的追随者队伍在前往卡普亚的圣洛伦索修道院教堂的途中，从僧人处拿到了一块奶酪和一片面包作为餐食。这种奶酪是用水牛牛奶制成的，被当地人称为"被截断了的"或"试验过的（用烟熏的方法）"。这恰恰说明水牛在沃尔图诺河平原和塞莱河平原早就有了，而且它们主要用来产奶。

然而，直到 18 世纪末，波旁家族才在西班牙王朝卡塞尔塔省的一处庄园——卡塞塔皇宫所处的地方养了一大群水牛，附带一个实验性奶牛场专门用来加工牛奶，马苏里拉奶酪才成为一种消费品。

"马苏里拉"来源于"切断"，首次出现于 Bartolomeo Scappi——一位来自教皇法庭的厨师——写于 1570 年的文字中。如今，意大利所有的奶牛场仍然保留了这种奶酪的做法，即在特定的时间手工处理凝乳，然后用食指和拇指将单个的马苏里拉奶酪分离开来，形成最典型的圆形奶酪。

坎帕纳水牛马苏里拉奶酪在 1996 年注册为原产地名称保护产品。这是一种鲜奶酪，用原产地的鲜水牛牛乳制作而成，其产地包括坎帕尼亚、拉齐奥、普利亚以及莫利塞等地区。它的生产技术和加工过程严格按照《生产条例》的规定。享有原产地保护认证标识的坎帕纳水牛马苏里拉奶酪，其外观、色泽、味道等感官特性具有保障，而且也确保了这些特性的形成依赖于当地环境条件和特定产区传统的加工方法。

这种体现意大利烹饪文化之卓越的代表食品，表面光滑，呈白瓷色，味道独特而细腻，切开后，内里呈白色，略带香气。单独入口味道已经很棒，在生菜沙拉里也很有风味，也可以是制作比萨的主要材料。此外，它也可以加入多种菜品里，包括开胃菜、第一道菜和有鱼有肉的第二道菜、配菜以及甜品中，坎帕纳水牛马苏里拉奶酪千层糕就是经典的一款。

注：本节后面的两个食谱所用坎帕纳水牛马苏里拉奶酪均为经过原产地名称保护认证的坎帕纳水牛马苏里拉奶酪。

坎帕纳水牛马苏里拉奶酪慕斯
佐腌番茄、油炸茄子和面包片

Mousse of Mozzarella di Bufala Campana D.O.P., Marinated
Tomatoes, Fried Eggplant and Bread Wafer

做法：

1. 将番茄洗净、去皮、切成小块。加入盐、胡椒粉和橄榄油、整颗去皮蒜瓣、几片罗勒叶，将番茄浸泡于其中约 1 小时。

2. 同时，将茄子切成有一定厚度的片，放入倒了足够油的锅中煎炸。炸好后，沥干多余油分。再将茄子皮也煎炸一会，切成条留作成品装饰。

3. 食用明胶提前用凉水软化、挤压和溶解。将坎帕纳水牛马苏里拉奶酪切成方块，用盐和胡椒粉及 5 毫升橄榄油调味。连同奶油一起放入处理好的食用明胶中。奶油要单独搅打。

4. 将面包切成 1~2 毫米的薄片，放入预热至 180℃的烤箱，烘烤至金黄色。

5. 装盘。借助裱花袋将坎帕纳水牛马苏里拉奶酪慕斯放在茄子上，之后再摆上腌制好的番茄（取出蒜瓣），再以炸好的茄子皮做装饰，摆上面包片。

操作难度： 中

准备时间： 30 分钟

烹饪时间： 60 分钟

分量： 4 人份

坎帕纳水牛马苏里拉奶酪 180 克

奶油 150 克

食用明胶 1 片

番茄 200 克

茄子 250 克

罗勒 1 束

大蒜 1 瓣

特级初榨橄榄油 30 毫升

面包 60 克

煎炸用油适量

调味盐和胡椒粉适量

坎帕纳水牛马苏里拉奶酪和蜜饯番茄千层糕

Millefeuille with Mozzarella di Bufala
Campana D.O.P. and Candied Tomatoes

做法：

1. 将番茄切片，用少许盐调味，加入蒜片、百里香以及 30 毫升橄榄油，放入烤箱以 100℃烘烤约 1 小时。
2. 在沸水中将罗勒焯水，放入凉水中冷却，然后与剩下的橄榄油搅拌。
3. 将坎帕纳水牛马苏里拉奶酪切片，撒上少许盐和胡椒粉。
4. 将奶酪和番茄片交替叠加，做成千层糕。
5. 淋几滴罗勒油调味即可。

操作难度： 低

准备时间： 70 分钟

烹饪时间： 60 分钟

分量： 4 人份

坎帕纳水牛马苏里拉奶酪 250 克

特级初榨橄榄油 60 毫升

番茄 4 个

罗勒 15 克

大蒜适量

百里香适量

调味盐和胡椒粉适量

皮埃蒙特榛果I.G.P.

Nocciola Piemonte I.G.P.

皮埃蒙特榛果是世界上公认品质极好的榛，不仅因为它的味道和香气——烘烤之后更惊艳，还因为它宝贵的营养价值、完美的球形身材以及不容易腐坏的特性。皮埃蒙特大区、库内奥、阿斯蒂以及亚历山德里亚的榛子树品种都属于 Tonda Gentile Trilobata。早在 1993 年，它就因为自身的罕见性和珍贵的价值获得了皮埃蒙特榛果的名称，并且获得了地理标志受保护商标，以确保它的正宗性。

皮埃蒙特榛果除了富含氨基酸和维生素 E，是一种有效的抗氧化食品外，其脂质含量由超过40% 的单一不饱和脂肪酸组成（比如植物油酸，特级初榨橄榄油中也含有这种酸），而且还是坚果中单一的多元不饱和脂肪酸比例最高的。因此，它不仅香甜美味，还是一种很健康的食品。

20 世纪初，Emanuele Ferraris 是第一个想到在阿尔塔兰加地区的库内奥省引进和推广榛子树的人，尤其是 Tonda Gentila Trilobata 品种。这种可能因为受土豆晚疫病和葡萄根瘤蚜疾病（曾摧毁了大量葡萄树）的困扰不得不想出的点子，却是切实可行大获成功的点子。19 世纪初，拿破仑对那些从殖民地运送珍贵香料的英国商船进行了海上封锁。面对资源紧缺，都灵的巧克力生产厂家用产自兰盖的价格不太昂贵的 Tonde Gentili 榛果替代了进口可可粉，定义了新的吉安杜佳（一种榛仁牛奶巧克力）配方，也造就了有名的吉安杜佳巧克力。

自那时起，皮埃蒙特的榛果就从未离开过糕点市场。托罗尼（一种甜点）、croccanti（一种脆脆的饼）以及巧克力中，有整颗榛果，也有榛果碎。榛子粉一般用在蛋糕和特色甜点中，把它做成酱，则用在冰激凌和可涂抹的美味膏乳中，老少皆宜。此外，这种珍贵的食品还常出现在开胃菜中，那是对味蕾和菜品的美好创意。切成大块的榛果可以放入卡斯特利诺奈拉炖饭、香肠或烧烤酱中；榛子粉也可以和面包屑混合，在制作鱼或肉的相关菜品时裹在其表面；研磨的榛子碎则可以加入完成的蔬菜里；整颗榛子可以加入夏日清凉爽口的沙拉中。

注：本节后面的两个食谱所用皮埃蒙特榛果均为受地理标志保护认证的皮埃蒙特榛果。

皮埃蒙特榛果烤肉

Nocciola Piemonte I.G.P. Roast

做法：

1. 鸡胸肉抹上盐和胡椒粉，用厨房用绳捆住，放入抹了橄榄油的烘焙盘中烤成焦黄色。

2. 加入洋葱、胡萝卜和芹菜（事先择洗干净、切成小块）、整瓣蒜及香草（即鼠尾草、迷迭香和月桂），也烤成焦黄色。

3. 锅中倒入牛奶，加盖，中火煮约 40 分钟。

4. 烹煮好以后，取出大蒜和香草，把酱汁充分混合，如果需要，用少量水溶解玉米淀粉使其变稠。

5. 加入烤熟的整颗皮埃蒙特榛果，烹饪几分钟。

6. 将火鸡鸡胸肉切片装盘，淋上酱汁，可以再搭一个配菜。

操作难度： 低

准备时间： 20 分钟

烹饪时间： 40 分钟

分量： 4 人份

火鸡鸡胸肉 800 克

牛奶 1 升

特级初榨橄榄油 80 毫升

洋葱 100 克

胡萝卜 80 克

芹菜 60 克

皮埃蒙特榛果 200 克

大蒜 1 瓣

玉米淀粉适量

鼠尾草适量

迷迭香适量

月桂适量

调味盐和胡椒粉适量

莫斯卡托甜白葡萄酒凝乳
配皮埃蒙特榛果馅饼

Langa Pie with Nocciola Piemonte I.G.P.
and Moscato D'Asti Cream

做法：

1. 在碗中将黄油和白砂糖混合。加入皮埃蒙特榛子酱、鸡蛋和蛋黄搅匀。

2. 将过筛的面粉和玉米面、可可粉、香子兰粉、盐和发酵粉缓缓倒入并搅拌。

3. 在直径 20 厘米的烘焙盘里涂抹油脂、撒上面粉，将步骤 1 做好的混合物倒入 3/4 的位置处（如果喜欢，可以在最上面撒上榛果）；或者使用制作蛋挞的单人份模具。表面铺上榛果碎，多撒一些白砂糖。

4. 烤箱预热至 180℃烘烤约 30 分钟（单人份模具则需要 20~25 分钟）。烤好后放凉。

5. 制作莫斯卡托阿斯蒂白葡萄酒凝乳。将蛋黄和糖搅拌均匀，加入玉米淀粉和单独加热的莫斯卡托阿斯蒂白葡萄酒。

6. 将所有东西放入深平底锅（铜锅最佳），中火（或者在烘蒸箱）烹煮，持续搅拌，煮沸后保持 1~2 分钟。

7. 根据自己的口味选择热的或凉的凝乳，搭配馅饼装盘。

操作难度： 低
准备时间： 25 分钟
烹饪时间： 30 分钟

分量： 4~6 人份

黄油 90 克
白砂糖 90 克
面粉 70 克
皮埃蒙特榛子酱 40 克
玉米面 15 克
鸡蛋 1 个
蛋黄 2 个
可可粉 2 克
制作甜品用的发酵粉 2 克
香子兰粉适量
盐少许

用于制作焙盘：
黄油 20 克
面粉适量

用于制作浇头：
皮埃蒙特榛果 40 克，烤熟
白砂糖适量

用于制作莫斯卡托阿斯蒂白葡萄酒凝乳：
蛋黄 4 个
糖 30 克
莫斯卡托阿斯蒂白葡萄酒 250 毫升
玉米淀粉 15 克

利古里亚里维埃拉
特级初榨橄榄油D.O.P.

Riviera Ligure Extra Virgin Olive Oil D.O.P.

让利古里亚里维埃拉特级初榨橄榄油流行起来的那场联姻无法解除，因为它已经持续了2000多年，而且克服了每一场危机。

尽管利古里亚人已经对在希腊出产，由伊特鲁里亚人贩卖的橄榄油习以为常，但是橄榄树种植却是由古罗马人引入到利古里亚的。它躲过了古罗马帝国的衰落，直到伦巴第人入侵，又于1000年复兴起来。当整个波河流域天气变冷，气候条件变得对橄榄树不利，俨然把它们转变成一种地中海作物时，利古里亚的橄榄树种植开始兴起，它们需要重建自己的地位。15—19世纪是橄榄树种植的重生阶段，彻底改变了利古里亚里维埃拉的景观——将石梯淹没其中，榨油机则替代了面粉风车。橄榄油被用于照明、食品、食品防腐剂、润滑油，甚至可以当作药物，而且在羊毛加工业也大有用途。橄榄油压榨后的残留物还可以用于制皂业、供暖以及生产次等橄榄油。1900年，主要的橄榄油栽培品种已经确定，能够出口橄榄油到欧洲的大型企业也已建成，跨洋市场应运而生。

利古里亚里维埃拉特级初榨橄榄油获得了欧盟的原产地名称保护认证，而且有同名联合企业确保其正宗性，打击假冒伪劣产品，确保厂家在产品加工的各个阶段——从树上摘下橄榄到上桌——严格按照《生产条例》的规定。在整个产区，即里维埃拉、菲奥里、波嫩特以及黎凡特（地中海东部地区），这种橄榄油不使用化学手段或化学加工，只采用机械压榨的方法。

这种细腻健康的橄榄油在意大利其他众多意大利品牌中脱颖而出，它含有大量脂肪酸，气味温和，略带淡淡果香，味偏甜，颜色呈金黄色，芳香特别，夹杂着一股若有若无的杏仁和洋蓟味。在许多意大利美食食谱中都有它的身影，尤其是在传统利古里亚烹饪中。在鹰嘴豆煎饼、热那亚青酱、红皮土豆鸡肉团子中，利古里亚里维埃拉特级初榨橄榄油都是不可或缺的材料。在烹饪海鲜和陆地材料的菜肴时，加入它可以增加风味，特别是生食原味的时候。它也可以为生食蔬菜和烹饪熟的蔬菜、类似利古里亚柠檬乳这样的地方特色甜点增添独特的、温和的风味。

注：本节后面的两个食谱所用利古里亚里维埃拉特级初榨橄榄油均为经过原产地名称保护认证的利古里亚里维埃拉特级初榨橄榄油。

利古里亚里维埃拉特级初榨橄榄油
烹饪的金枪鱼配酱菜

Tuna Cooked in Riviera Ligure Extra Virgin
Olive Oil D.O.P. with Pickled Vegetables

做法：

1. 将所有蔬菜清洗干净，将花椰菜择成小块，其他蔬菜切成小块。

2. 在深平底锅中加水、糖、盐、葡萄醋以及少许胡椒粒，煮沸。将每种蔬菜分别放入焯水，不要太软，保持清脆的口感。焯水后放凉。

3. 处理金枪鱼的脉络和有血的部分，用少许盐和胡椒粉腌制入味。

4. 将橄榄油、月桂叶、5 粒胡椒和 2 粒丁香放入足够容纳金枪鱼的锅中。

5. 加热至 65℃，放入金枪鱼，油要完全覆盖住鱼。温度保持恒定约 15 分钟。

6. 金枪鱼自然冷却后切成薄片，搭配酱菜装盘，点缀几片莴苣缬草。

操作难度： 低

准备时间： 30 分钟

烹饪时间： 15 分钟

分量： 4 人份

新鲜的金枪鱼 400 克
利古里亚里维埃拉特级初榨橄榄油 500 毫升
花椰菜 250 克
胡萝卜 100 克
胡椒粉 100 克
芹菜 100 克
红洋葱 100 克
葡萄醋 250 毫升
清水 150 毫升
糖 30 克
胡椒粒适量
丁香 2 粒
月桂叶 1 片
调味盐和胡椒粉适量

用于装饰：
30 克莴苣缬草

利古里亚里维埃拉特级初榨橄榄油慕斯

Riviera Ligure Extra Virgin
Olive Oil D.O.P. Mousse

做法：

1. 制作榛子外皮。步骤同布龙泰开心果里科塔奶酪慕斯制作方法（详见 205 页），只把开心果用榛子代替即可。

2. 制作慕斯。将蛋黄与糖混合后搅打，再加入煮沸的牛奶、切碎的香子兰豆以及柠檬皮（皮上黄色的部分）。一直煮到形成乳状。

3. 溶解 1 片食用明胶（事先用冷水浸泡软化），放入步骤 2 的锅中，最后等待自然冷却。

4. 用 100 毫升冷水浸泡其余食用明胶，软化后用小火融化，或连同水一起放入微波炉融化。

5. 从步骤 4 所得液体中取出其中 25 毫升的量，倒入手动搅拌玻璃杯中，分多次少量倒入，逐步乳化橄榄油。

6. 将步骤 5 中所得橄榄油乳倒入奶油中，搅拌均匀，接着缓缓加入生奶油。填入单人份模具，厚度为 3 毫米，表面铺上榛子外皮，冷冻几个小时。

7. 制作可可酱。将糖、可可粉和玉米面混合。在深平底锅中加入水和葡萄糖，加热，再倒入可可粉混合物。煮沸后用搅拌器拌匀。

8. 制作巧克力装饰物。将烘烤用的抹刀刀尖深入软化的巧克力中，均匀抹在塑料保鲜膜上。重复该步骤直到所有的巧克力都用完。然后使其自然硬化。

9. 从模具中取出慕斯，在装盘上桌前解冻。搭配可可酱（冷热均可）和巧克力装饰物装盘。

操作难度： 高

准备时间： 55 分钟

烹饪时间： 2 分钟

冷冻时间： 2 小时

分量： 4 人份

用于制作榛子外皮：

白砂糖 50 克

烤熟的榛子 50 克

蛋清 65 克

糖 20 克

用于制作慕斯：

牛奶 125 克

糖 75 克

蛋黄 2 个

香子兰豆 1 个，切碎

半个柠檬的皮

食用明胶 1.25 片

清水 100 毫升

利古里亚里维埃拉特级初榨橄榄油 100 毫升

生奶油 130 克

用于制作可可酱：

清水 185 毫升

葡萄糖 6 克

糖 45 克

可可粉 38 克

玉米面 8 克

用于制作巧克力装饰物：

牛奶巧克力 100 克，软化

OLIO
EXTRA
VERGINE
DI OLIVA
TOSCANO
I. G. P.
indicazione geografica
PROTETTA
0,50 L

托斯卡纳特级初榨橄榄油I.G.P.

Tuscan Extra Virgin Olive Oil I.G.P.

　　提起托斯卡纳特级初榨橄榄油，我们大可用所有溢美之词来形容它：色泽清澈，闪烁着金黄色和淡绿色，只看一眼就大饱眼福；只需闻上一下，那种夹杂着杏仁味、洋蓟味、成熟果香以及新鲜绿草的香味就沁人心脾；还有那令人舒服温润的液体质感，是对触感的全新探索；那香气平衡的水果风味、适度辛辣的感觉，满足了味觉的所有想象；将它缓缓倒入蔬菜沙拉、bruschetta（意式特色烤面包，沙拉放在烤面包片上）、蔬菜浓汤、意面、鱼、肉菜中时，那美妙的声音如同悦耳的音乐。

　　托斯卡纳特级初榨橄榄油，从橄榄树栽培到收获、压榨以及最终成品包装的全过程只在托斯卡纳地区完成。这种高品质产品自 1998 年以来一直拥有地理标志受保护认证商标，并且有同名联合企业保障其质量及正宗性，确保厂家严格按照《生产条例》的规定生产加工橄榄油，完好地保存橄榄油珍贵的化学和感官特性，并致力于在意大利本土和海外保护并推广其悠久的历史文化。

　　这是一种拥有百年悠久历史的产品（该地区的橄榄种植在古罗马时代就已经开始了，到如今人们难以想象没有这著名的橄榄树托斯卡纳该是怎样的景观）。作为一种地理位置受保护产品，根据《生产条例》的规定，"托斯卡纳"也许带有某种地理属性，它定义了托斯卡纳橄榄品种明确的特征、种植方法、如何收获熟度适中的橄榄的技巧、知识以及细致的加工技术。总而言之，生产出高品质的托斯卡纳特级初榨橄榄油的秘诀就在于这片土地和土地上劳作的人们：因为自然和气候条件是一方面，对自己工作的无限热忱和使命感则是另一方面。

　　托斯卡纳特级初榨橄榄油不仅在饮食方面很有价值——它含有大量营养元素（茶多酚和维生素 A、维生素 E、维生素 D）——还具备其他有益健康的特性，比如它含有的油酸对心血管系统很有帮助。此外，它也可以用于烹饪，主要用于生食，包括地区特色菜品，如意大利白豆和意式杂蔬浓汤、面包和番茄汤及五香海鲜汤，而且在地中海传统风味的菜肴中，这种橄榄油依然占有重要的一席之地。

注：本节后面的两个食谱所用橄榄油均为受地理标志保护认证的托斯卡纳特级初榨橄榄油。

里窝那五香海鲜汤

Livornese Spiced Fish Soup

做法：

1. 将章鱼、鱿鱼、皱唇鲨、对虾、小虾、贻贝和红鲑鱼清洗干净。

2. 将章鱼放入淡盐水中煮约 45 分钟至 1 小时（几乎全熟）。

3. 将贻贝放入平底煎锅中，只需加少许水，加盖烹至全部张口后取出来待用。将汤汁过滤待用。

4. 同时，将洋葱、胡萝卜、大蒜和芹菜混合在一起，放入大锅中（陶瓷为佳），再倒入托斯卡纳特级初榨橄榄油和红辣椒烹饪至颜色变深。

5. 几分钟后将切成条的鱿鱼、鲑鱼片和皱唇鲨片放入。

6. 倒入葡萄酒，使其蒸发，接着加入切碎的番茄。加入将步骤 3 中过滤出来的汤汁，再用少许盐和胡椒粉调味。

7. 15 分钟后，再加入对虾和提前做好的章鱼（切成小块），继续烹煮，总共需要约 30 分钟。最后 5~10 分钟时加入小虾。

8. 在烤箱中烘烤自制面包，在表面放上其余蒜瓣，放在盘底，再倒入海鲜汤。

操作难度： 中

准备时间： 100 分钟

烹饪时间： 30 分钟

分量： 4 人份

章鱼 1 千克

鱿鱼 500 克

皱唇鲨 300 克

对虾 500 克

小虾 500 克

贻贝 300 克

红鲑鱼 300 克

洋葱 200 克

芹菜 100 克

胡萝卜 100 克

大蒜 2 瓣

红葡萄酒 200 毫升

去皮梅子 500 克

番茄适量，切碎

托斯卡纳特级初榨橄榄油 50 毫升

自制面包 16 片

红辣椒（粉）适量

调味盐和胡椒粉适量

托斯卡纳意式杂蔬浓汤

Tuscan Ribollita Soup

做法：

1. 将白芸豆浸泡一夜。次日清晨滤水，换水，不加盐煮沸后继续煮至少 1 小时，直至豆子变软。

2. 将蔬菜择洗干净，切成小块，多叶蔬菜切成条状。

3. 将韭菜、洋葱以及胡萝卜用橄榄油煎一下，然后加入其他蔬菜。

4. 锅内水分蒸发后，将豆子和汤汁一起倒入，加入盐和胡椒粉调味。

5. 小火继续炖煮至少 1 小时。煮好后加入面包，再次煮沸，保持 10~15 分钟。

6. 装盘，淋几滴托斯卡纳特级初榨橄榄油和现磨胡椒粉。

注：这种意式杂蔬浓汤放到次日使用味道更佳。

操作难度： 低

准备时间： 30 分钟

浸泡时间： 12 小时

烹饪时间： 150 分钟

分量： 4~6 人份

乌塌菜 250 克

皱叶甘蓝 250 克

瑞士甜菜 100 克

韭菜 1 根

洋葱 1 个

土豆 1 个

胡萝卜 1 根

芹菜茎 1 根

熟透的番茄 1 个（或番茄酱 100 克）

白芸豆 200 克

托斯卡纳特级初榨橄榄油 40 毫升

陈面包 250 克，切片

托斯卡纳特级初榨橄榄油

适量（用于制作浇头）

调味盐和胡椒粉适量

用于装饰成品：

托斯卡纳特级初榨橄榄油适量

胡椒粉适量

阿斯科利皮切诺橄榄肉丸D.O.P.

Oliva Ascolana del Piceno D.O.P.

时间倒回 1800 年，那时候皮切诺橄榄肉丸（填了肉馅的橄榄）质地柔软，多肉，个头很大。这是因为当地某个贵族家中的厨师想了一个好主意：把橄榄核挖出来，塞进去混合的肉馅，外面裹上面包屑，煎炸，最后做成橄榄肉丸保存。如今，这是阿斯科利皮切诺省最典型的一道菜，最重要的是，在整个意大利半岛节日庆祝期间，这是一种必不可少的食品。

阿斯科利皮切诺橄榄肉丸的颜色很规整，一般都是绿色和稻草黄，口感柔软略带清脆，微微发酸，吃过后唇齿间留有淡淡的苦味，夹杂着令人愉悦的水果香气。2006 年，它获得了原产地名称保护认证商标，该项认证保护《生产条例》中列出的阿斯科利皮切诺省的 60 个市镇以及泰拉莫省的 26 个市镇种植的阿斯油橄榄品种出产的橄榄，包括盐水腌制的橄榄和橄榄肉丸。

这种橄榄——油橄榄的亚种——早在腓尼基人和古希腊时代已经在皮切诺开始种植了，但在古罗马时代才为人所知。很多拉丁作家曾在文中提及这种果实的优点和它滚圆多肉的外观，他们称其为 "Colymbadesi" ——来源于希腊动词 "Colymbao"，意为 "游泳"：因为橄榄是腌制在卤水中的。例如，Petronius Arbiter 在 Satyricon 中写道：皮切诺橄榄总是代表一种独特高贵的身份出现在富有的 Trimalcione（Satyricon 中的一个角色）家人的餐桌上。

皮切诺原产的这种橄榄也叫作 "Liva Concia" "Liva Ascolana" 或 "Liva di San Francesco"，包括盐水腌制的橄榄和橄榄肉丸，它们是许多名流的心中至爱，比如音乐家朱塞佩·威尔第和贾西莫·普契尼，以及民族英雄朱塞佩·加里波第——他试图在卡普雷栽培这种橄榄，但未能成功。

盐水腌制的阿斯科利橄榄的制作方法是这样的：盐水里加少许茴香——当时那个年代一种利于保存的温和的香草，这种方法直至 19 世纪中叶仍然在家庭式作坊或小型手工业中使用。多亏了阿斯科利的工程师的开拓精神，直到 1875 年这种产品的生产和销售才逐渐工业化、流程化。这种阿斯科利皮切诺橄榄肉丸常搭配煎炸洋蓟、西葫芦、羊排、糕点等食物，除此之外还可以有多种不同的做法和食用方法。

注：本节后面的两个食谱所用皮切诺橄榄肉丸均为经过原产地名称保护认证的阿斯科利皮切诺橄榄肉丸。

阿斯科利橄榄肉丸

Olives All'Ascolana

做法：

1. 用刀将阿斯科利皮切诺橄榄挖去内核，围绕内核形成螺旋形切口，然后将去核橄榄存放在水中。

2. 准备馅料。橄榄油入锅加热，放入洗净、切碎的洋葱、胡萝卜和芹菜烹饪至变色。

3. 加入切成小块的猪肉和牛肉，加盐调味。倒入白葡萄酒，小火烹煮直至肉熟为止，若锅中太干可以加入几咖啡匙清水。

4. 肉熟后使其自然放凉，将其剁碎。加入盐和少许肉豆蔻调味。

5. 加入半个鸡蛋搅拌均匀，同时加入磨碎的奶酪，搅拌使其充分混合。

6. 将橄榄中填入以上步骤中做好的馅料，然后恢复成原来的形状。先在面粉中滚一遍，再在蛋液中过一遍，最后在面包屑中滚一遍。

7. 立即放入热油中炸几分钟，然后捞出来放在铺有羊皮纸的盘子中沥干多余油分。

操作难度： 中

准备时间： 60 分钟

烹饪时间： 4 分钟

分量： 4 人份

阿斯科利皮切诺橄榄 20~25 颗

洋葱 20 克

胡萝卜 15 克

芹菜 10 克

瘦肉 50 克

牛里脊 100 克

特级初榨橄榄油 20 毫升

白葡萄酒 50 毫升

熟成的奶酪 25 克，磨碎

"00"号面粉 50 克

鸡蛋 2 个

面包渣 100 克

肉豆蔻适量

调味盐适量

煎炸用油适量

油炸阿斯科利鱼肉小橄榄

Small Fried Ascolana Olives
Stuffed with Fish

做法：

1. 制作奶油。牛奶入锅加热，放入香子兰豆（切成小片）。

2. 在碗中将蛋黄、糖和面粉混合搅打。倒入少许煮沸的牛奶，使蛋黄变浓稠，接着加入剩余的牛奶。

3. 锅再次加热，煮沸后倒入合适的器皿。放入冰箱完全冷却，再切成小方块。

4. 撒上面包屑，在面粉中蘸一遍，再在蛋液中滚一遍，最后再裹上面包屑。

5. 用刀将阿斯科利皮切诺橄榄挖去内核，围绕内核形成螺旋形切口，然后将去核橄榄放入水中浸泡。

6. 制作馅料。橄榄油入锅加热，放入切碎的洋葱、百里香，小火煸炒。再加入切成小块的鱼肉一起煸炒，加入盐和胡椒粉调味。倒入奶油，炖煮 5~6 分钟。

7. 步骤 6 完成后，放凉，再仔细剁成碎末。检查盐和胡椒粉用量，再加入磨碎的柠檬皮。

8. 将以上步骤做好的馅料搅拌均匀后填入橄榄中，恢复原来的形状。先蘸一遍面粉，再放入蛋液中滚一遍，最后裹上剩下的面包屑（事先与欧芹混合并在处理机处理过）。

9. 用面粉、鸡蛋、牛奶做成面糊糊，静置 1 小时。用小匙检查浓稠，如果需要可以加入少许牛奶稀释。

10. 将洋蓟洗干净并切成楔形，放入用柠檬汁酸化过的水中浸泡。捞出来沥干水分，放入步骤 9 的面糊中。

11. 将以上各步骤做好的食材分别放入油锅中单独煎炸，捞出来放在羊皮纸上吸干多余油分即可。

操作难度： 中

准备时间： 60 分钟

烹饪时间： 4~5 分钟

分量： 4 人份

用于制作柠檬味鱼肉橄榄肉丸：
阿斯科利皮切诺橄榄 20 颗
鲷鱼柳 110 克，去皮
洋葱 25 克
奶油 50 克
半个柠檬的皮
特级初榨橄榄油 10 毫升
百里香 1 枝
欧芹 1 把
调味盐和胡椒粉适量
煎炸用油适量

用于制作炸奶油：
蛋黄 2 个
糖 75 克
"00" 号面粉 25 克
牛奶 250 毫升
香子兰豆 1/4 个

用于制作面包屑外皮：
鸡蛋 3 个
"00" 号面粉 50 克
面包屑 200 克

用于制作洋蓟面糊糊：
洋蓟 2 个
"00" 号面粉 250 克
鸡蛋 2 个
牛奶 250 毫升
柠檬 1 个
调味盐适量

阿尔塔姆拉脆皮面包D.O.P.

Pane di Altamura D.O.P.

相传，神圣的罗马帝国的君主斯瓦比亚的弗雷德里克二世于 1232 年在普利亚地区建造阿尔塔姆拉大教堂时，在教堂的其中一根柱子里藏了一件宝贝，这个宝贝能在教堂遭遇破坏时重建教堂。无独有偶，阿尔塔姆拉人也在烤箱中守护着另一件宝贝，那就是有名的阿尔塔姆拉面包，如今因其良好的品质出口至世界各地，闻名于世。

这是百年传统沉淀的精华（早在前 37 年，拉丁诗人 Horace 就将其称为"世界上最好的面包"）。它只产自阿尔塔姆拉，用粗面粉和水、盐、酵母（所谓母体酵母或酸面团，通过将提前做好的面团发酵而成）做成。

从 2003 年开始，阿尔塔姆拉脆皮面包就一直享受欧盟的原产地名称保护认证，而且由同名联合企业做支持和保障，证明产品来自于正宗产地，并保证厂家严格遵守《生产条例》的规定。阿尔塔姆拉脆皮面包有两种：一种是高端一些的，形状是交叉的；另一种是平价一点的，形状像顶牧师的帽子，这两种都是在烧柴火的烤箱中烤制而成。这种面包所具有的独特的感官特性据说只有穆尔吉亚西北部得天独厚的地理和环境条件才能造就，因为那里拥有高品质的硬质小麦、水资源和空气。

这种典型的普利亚面包保质期较长，一条面包的重量一般不超过 500 克，有约 3 毫米厚的酥脆外皮，呈稻草黄，气泡均匀，湿度不超过 33%。

从前，阿尔塔姆拉面包在公共烤箱制作和烘烤之前都在家中进行面团揉捏处理的工作，然后才有面包师用刻有一家之主姓名首字母的木头或铁质印章为一条条面包打上烙印。这种面包烤出来之后可以直接食用，也可以在很多菜谱中使用，还可以在变成陈面包时用在诸如冷华夫饼之类的传统食谱中。在做冷华夫饼时，除了这种面包，还要加入番茄、洋葱、蒜、煮熟的芜菁叶、橄榄（或土豆和鸡蛋）以及特级初榨橄榄油；另外如烤面包，要把面包放在水中和时蔬一起煮沸，再撒上奶酪碎（一般用佩科里诺奶酪）。几个世纪以来，这种曾经作为阿尔塔姆拉的牧羊人和农民的主食如今成了挑剔的味蕾珍爱的特色食品。

注：本节后面的两个食谱所用阿尔塔姆拉面包均为经过原产地名称保护认证的阿尔塔姆拉面包。

蚕豆泥配菊苣、阿尔塔姆拉脆皮面包

*Cream of Broad Beans with Chicory
and Crunchy Pane di Altamura D.O.P.*

做法：

1. 将洋葱剁碎。橄榄油入锅加热，放入洋葱煸炒至变色。加入去皮的蚕豆，煸炒几分钟后倒入淹没洋葱和蚕豆的蔬菜高汤。加盐炖煮约 50 分钟。

2. 将步骤 1 中的混合物搅打至浓稠状。

3. 将菊苣在煮沸的淡盐水中焯水。橄榄油入锅加热，放入菊苣煸炒。在预热过的烤箱中放入 4 片阿尔塔姆拉脆皮面包烘烤几分钟。

4. 将剩余的面包切碎。橄榄油入锅加热，放入面包渣煎至深色，使之更脆。

5. 用蚕豆泥浇在菊苣上装盘，撒上煎炸过的面包渣，搭配烤面包食用。

操作难度： 低

准备时间： 10 分钟

烹饪时间： 50 分钟

分量： 4 人份

蚕豆 500 克，去皮

菊苣 500 克

洋葱 100 克

特级初榨橄榄油 100 毫升

蔬菜高汤 1.5 升

阿尔塔姆拉脆皮面包 150 克

调味盐适量

阿尔塔姆拉面包咸派

Pane di Altamura D.O.P. Quiche

做法：

1. 橄榄油入锅加热。煸炒切碎的青葱，接着加入猪头肉香肠（切成条或块）和切碎的欧芹。加少许盐调味，烹饪几分钟后将其和阿尔塔姆拉脆皮面包混合（提前取出外皮并切成小块）。

2. 在单人份模具上涂抹黄油，倒入步骤 1 做好的混合物。

3. 将鸡蛋打入牛奶中搅打，加入帕尔玛奶酪和卡秋塔奶酪碎，再加入盐和胡椒粉调味，倒在步骤 1 中的混合物的上层。烤箱预热至 160℃烘烤约 20 分钟。

4. 在平底煎锅中倒入橄榄油加热，放入洗净、切片的圣女果煸炒几分钟，用盐和胡椒粉调味。拌匀后搅打成泥，过滤水分。

5. 用圣女果泥搭配烘烤的咸派装盘上桌。

操作难度： 低

准备时间： 20 分钟

烹饪时间： 20 分钟

分量： 4 人份

阿尔塔姆拉脆皮面包 100 克

特级初榨橄榄油 20 毫升

青葱 20 克，切碎

卡秋塔奶酪 60 克

猪头肉香肠 60 克

欧芹 20 克，切碎

牛奶 150 毫升

鸡蛋 1 个

帕尔玛奶酪 30 克，切碎

调味盐和胡椒粉适量

涂抹模具的黄油适量

用于装饰：

圣女果 100 克

调味盐和胡椒粉适量

帕尔玛奶酪D.O.P.

Parmigiano Reggiano D.O.P.

它在世界各地尽享赞誉，是当之无愧的奶酪之王。自 12 世纪开始，它就一直在奶酪界称王。这种美味、营养的纯天然食品要追溯到中世纪，当时在帕尔玛和雷焦艾米利亚的本笃会和特阿比斯特派修道院中出现了第一家奶酪厂。由于当地丰富的水资源及饲养奶牛的天然牧场，艾米利亚·罗马涅地区的草原上生产的这种硬质天然奶酪迅速流行开来。它是将未经高温消毒的牛奶进行部分脱脂，然后在大锅中炖煮制备而成。如今这种奶酪在生产时依然没有添加任何添加剂和防腐剂。

1996 年，帕尔玛奶酪通过了欧盟的原产地名称保护认证，并得到同名联合企业的支持和保护长达 70 多年。它的产区包括帕尔玛省、雷焦艾米利亚、摩德纳、博洛尼亚（位于雷诺河左岸）以及曼托瓦（位于波河南部）。如今制作帕尔玛奶酪的方法和 9 世纪时所用的方法一模一样：同样的材料、产自当地的高品质牛奶、天然凝乳和盐，以及经验丰富的奶酪制作人的智慧。这是一个在今天仍被认为非常手工化的过程，其中所用的知识和技巧都是制成如此尊贵、独特的产品所不可或缺的要素。帕尔玛奶酪熟化需要至少 12 个月。

帕尔玛奶酪的味道非常特别，很有辨识度，它是一种精致细腻、出身正宗的奶酪，而且营养丰富：富含矿物盐、钙、磷、钾、镁和锌以及维生素 A、维生素 B_1、维生素 B_2、维生素 B_6和维生素 B_{12} 及维生素 PP。此外，它热量低，比其他成熟奶酪的蛋白质含量更高，也更容易消化。

凭借其众多优势，帕尔玛奶酪一直是意大利烹饪的一味主要食材，你可以找到单独成菜的它，也可以在其他菜肴中找到作为配料的它，特别是在意大利北部的美食中。在它存在的悠久历史中，它曾受到很多文人作家的珍爱。意大利诗人薄伽丘就是其中之一，他在著名中篇小说《十日谈》中将这种奶酪比喻成无数山脉；再比如罗伯特·路易斯·史蒂文森，他在《金银岛》中把帕尔玛奶酪介绍给了 Livesey 医生，放进了他的鼻烟壶；卡萨诺瓦在他的回忆录中叙述了他如何向他的爱人赠送奶酪，而比起一束鲜花，他的爱人对这种奶酪更为钟意；此外，拿破仑的妻子——帕尔玛女公爵——奥地利的公主玛丽把这种著名的奶酪推荐给了她的丈夫。

注：本节后面的两个食谱所用帕尔玛奶酪均为经过原产地名称保护认证的帕尔玛奶酪。

帕尔玛奶酪馅意大利薄饼春卷

Cannelloni Crepes with

Parmigiano Reggiano D.O.P. Fondue

做法：

1. 制作薄饼。牛奶中打入鸡蛋，掺入面粉、少许盐，搅打均匀，再加入融化好的黄油。拌匀后放在阴凉处加盖静置 1 小时。

2. 制作馅料。在锅中融化黄油，加入面粉烹饪几分钟。再倒入牛奶，继续烹煮 10 分钟。

3. 放入磨碎的帕尔玛奶酪，加盐、肉豆蔻调味。自然冷却。

4. 平底不粘锅中略微涂少许黄油，中火加热，倒入步骤 1 中做好的混合物，凝固后翻面。直到所有面糊都用完（共需约 20 分钟）。

5. 将馅料放在薄饼上，做成意式春卷的形状。

6. 放入涂抹了黄油的烘焙盘中，并撒上磨碎的帕尔玛奶酪和薄薄的黄油片。烤箱预热至 180℃，烘烤约 20 分钟。

7. 根据个人口味，也可搭配摩德纳传统香脂醋食用。

操作难度： 中

准备时间： 30 分钟

静置时间： 60 分钟

烹饪时间： 20 分钟

分量： 4 人份

用于制作薄饼：

牛奶 300 毫升

鸡蛋 3 个

"00" 号面粉 125 克

黄油 20 克

调味盐适量

用于制作馅料：

黄油 30 克

"00" 号面粉 50 克

牛奶 500 毫升

帕尔玛奶酪 300 克，磨碎

肉豆蔻适量

调味盐适量

用于制作浇头：

帕尔玛奶酪 20 克，磨碎

黄油 15 克

两种酱佐帕尔玛奶酪馅意式水饺

Parmigiano Reggiano D.O.P. Ravioli

with Two Sauces

做法：

1. 制作馅料。在浅锅中倒入鸡汤，放入帕尔玛奶酪壳（用刀刮擦清洗干净），炖煮90分钟。

2. 滤过的奶酪汤取出150毫升后，放入用凉水溶解的玉米淀粉，再继续煮1分钟，离火。加入磨碎的帕尔玛奶酪，搅匀，放凉待用。

3. 用擀面棍把黄色面团擀成片。在每块面皮上堆放馅料，馅料离面皮边缘约4厘米的距离。再将另一块面皮盖上，用手指挤出里面的空气，捏住两片面皮边缘。再用合适的面皮切割器，切成单独的水饺。处理绿色面团的方法同上。

4. 制作帕尔玛奶酪酱。将奶油入锅、炖煮，加入帕尔玛奶酪，搅拌直至形成奶酪火锅。加入盐和胡椒粉调味后，保温放置。

5. 制作菠菜泥。橄榄油入锅加热，放入菠菜、大蒜煸炒2分钟。取出大蒜后，充分搅打菠菜，加入适量高汤后放入盐和胡椒粉调味。保温放置。

6. 将水饺放入煮沸的淡盐水中煮3~4分钟后捞出滤水，接着放入有黄油的平底煎锅煎。

7. 在每个盘底放少许帕尔玛奶酪酱，摆好水饺，再浇上酱汁和菠菜泥，上桌。

操作难度： 中

准备时间： 60 分钟

烹饪时间： 2~3 分钟

分量： 4 人份

用于制作鸡蛋面团：

绿色面团（用水煮过的菠菜、挤捏后做成泥）250 克

黄色面团（不放菠菜）300 克

用于制作馅料：

帕尔玛奶酪外皮 1 块

帕尔玛奶酪 100 克，磨碎

鸡汤 500 毫升

玉米淀粉 10 克

调味盐适量

用于制作浇头：

黄油 30 克

用于制作帕尔玛奶酪酱：

奶油 100 克

帕尔玛奶酪 40 克

调味盐和胡椒粉适量

用于制作菠菜泥：

新鲜菠菜 250 克，洗净

蔬菜高汤 300 毫升

特级初榨橄榄油 10 毫升

大蒜 1 瓣

调味盐和胡椒粉适量

佩科里诺罗马诺奶酪D.O.P.

Pecorino Romano D.O.P.

　　它简单质朴、来源正宗，这背后的成功来源于我们如今称之为"横截面"的东西：佩科里诺罗马诺是由拉齐奥乡村自由放牧的羊产的奶制作而成；它曾被众多古罗马作家详细描述过，比如蒲林尼（维吉尔三兄弟中的老大）。但是，这种奶酪也不只是盛大节日期间出现在帝王将相的餐桌上，由于它营养丰富、保质期长，所以也是罗马军队里士兵除了汤和面包之外的基础佐餐食物。

　　佩科里诺罗马诺奶酪在 1996 年获得了欧盟认证的原产地名称保护商标，而且有同名联合企业做支持。它的主要产区包括撒丁岛（一个拥有悠久农业历史的地区）、拉齐奥、托斯卡纳省的格罗塞托。整个生产加工过程，从养羊到奶酪熟化必须在这些产区内进行。

　　佩科里诺罗马诺奶酪是历经时间考验的精华，也是百年经验智慧的结晶。这是一种经过煮制而成的硬质奶酪，如今它的制作方法依然和以前一样，因为没有机器能够像富有经验的奶制品大师的双手一样做出那么好的奶酪。它采用完全新鲜的全脂羊奶，至少需要 5 个月才能熟化出干酪板的品质，熟化 8 个月才适合研磨。它的外壳纤薄，呈浅浅的象牙白或稻草白，有些会再涂上一层中性或黑色的特殊食品保护剂。它的质地结实，状似椭圆形，可能会根据加工工艺的不同呈现出不同的颜色，或白色，或深稻草黄。它有芳香的气味，单独入口略微辛辣刺激，磨碎佐餐时则更为辛辣。

　　佩科里诺罗马诺奶酪不仅是罗马和拉齐奥当地特色风味的菜肴中主要的食材，而且是整个意大利各式烹饪菜品中不可或缺的食材。前者如经典的黑椒起司意大利面、阿马特里切烟熏猪脸肉细条面、土豆团子以及奶油培根意面。它为许多菜品增加味道、香气和独特气质：牛肉卷、白汁红肉、沙拉、洋蓟、芦笋炖饭、蔬菜馅饼等。若是单独入口，佩科里诺罗马诺奶酪不但是绝佳的奶制品，而且象征着温暖季节中外出踏青时香气馥郁、色彩缤纷的自由。

注：本节后面的两个食谱所用佩科里诺罗马诺奶酪均为经过原产地名称保护认证的佩科里诺罗马诺奶酪。

佩科里诺罗马诺奶酪可颂

Pecorino Romano D.O.P. Croissant Bits

做法：

1. 将啤酒酵母均匀掺进面粉中，加入佩科里诺罗马诺奶酪碎、糖、打发的半个鸡蛋及牛奶，开始揉面。加入盐和软化的黄油。

2. 揉成光滑有弹性的面团后，捏成球形，表面撒上面粉，静置发酵。

3. 当面团明显膨胀后（环境温度20℃中需要15~20分钟），分成15~20个均匀的小面团，然后揉成球形。

4. 烘焙盘中铺好蜡纸，均匀摆放做好的小面团，放在温暖的地方再次发酵。根据温度情况，大概需要1小时。

5. 将剩余的蛋液刷在表面，撒上佩科里诺罗马诺奶酪碎和现磨胡椒粉。

6. 烤箱预热至220℃，烘烤约15分钟后取出。

操作难度：中

准备时间：30分钟

饧面时间：80分钟

烹饪时间：15分钟

分量：15个可颂

用于制作发面团：

"00"号面粉250克

啤酒酵母10克

鸡蛋半个，打发

糖10克

佩科里诺罗马诺奶酪30克，磨碎

黄油15克，软化

盐6克

牛奶125毫升

用于制作浇头：

佩科里诺罗马诺奶酪10克，磨碎

鸡蛋半个，打发

胡椒粉适量

佩科里诺罗马诺奶酪和鲜薄荷洋蓟沙拉

Artichoke Salad with Pecorino Romano D.O.P.
and Fresh Mint

做法：

1. 将洋蓟最外层的叶子和刺择掉、清洗干净。再将茎秆清洗干净后泡在水中，加入柠檬汁（1个柠檬），浸泡约 15 分钟。

2. 将奶酪切成片状。

3. 将柠檬汁（另外用 1 个柠檬）和橄榄油混合，加入少许盐和现磨胡椒粉。

4. 将洋蓟对半切开，如有必要可除去内部的纤维细丝，然后切成薄片，放在步骤 3 中的混合物中拌匀。

5. 将洋蓟盛在碟子中央，搭配奶酪薄片、薄荷叶（实现洗净、沥干、用手撕碎），洒上几滴生橄榄油即可上桌。

操作难度： 低

准备时间： 20 分钟

分量： 4 人份

洋蓟 4 个

佩科里诺罗马诺奶酪 1 杯（120 克）

柠檬 2 个

薄荷叶 4~5 片

特级初榨橄榄油 50 毫升

橄榄油（利古里亚橄榄油最佳）

调味盐和胡椒粉适量

布龙泰开心果D.O.P.

Pistacchio Verde di Bronte D.O.P.

最早来自中东，却是西西里岛的特色。布龙泰开心果大约是在 900 年被带入意大利的（或者可以说是回到意大利，因为早期有古罗马人尝试种植但未成功），当时人们发现西西里岛那田园诗般且阳光充足的气候和开心果最初生长的地中海气候非常相似，在那里它可以茁壮成长形成独特的风味。

种植布龙泰开心果的地方有卡塔尼亚省的布隆泰市、阿德拉诺市比亚恩卡维拉市，卡塔尼亚的地形特征以火山为主（这三个市分别位于埃特纳火山西侧），这里的开心果品质优良，在世界各地都很受欢迎，并于 2010 年通过了欧盟的原产地名称保护认证。

布龙泰开心果有同名的联合企业监督并确保厂家严格按照《生产条例》规程加工开心果产品。它之所以被称为"绿色的金子"，是因为自身很高的商业价值。它有着纯净的香气，鲜艳的绿宝石色果肉包裹在一层坚硬而具有木头质感的紫色外壳之下，等到夏末，果实成熟时壳会自然裂开。这个小小的裂口让开心果在伊朗和中国有了"微笑的种子"和"快乐的种子"的美名。

古代犹太人认为这种开心果是一种珍贵的水果，《旧约》中也有提及这种珍贵的水果。这些外表小巧的油性种子拥有很突出的感官特性，而且自身含有很多医用活性成分和大量营养元素，尤其是维生素，如维生素 A、维生素 E 和维生素 B，以及多种矿物盐，主要是铁以及钙、磷、钾、锌、镁和铜。它可以直接入口，所含的抗氧化剂可以保护人体细胞对抗自由基。此外，它还是一种高热量食品，所以非常适合作为运动员饮食中的一种理想食物，因为它们能提供能量，让人产生饱腹感。

除了直接食用，它也用于烹饪中。在各种各样的食谱中都能看到它的身影，开心果或带壳，或去壳；或烘烤，或盐渍；或作为饼干、蛋糕、奶油和冰激凌的一种材料；或经过煎炸后为萨拉米香肠和意式肉肠之类的冷切肉调味；或加入沙拉中。除此之外，开心果还可以做成酱放入开胃菜、佛卡夏（意大利面包的一种）以及前两道主菜中，布龙泰开心果配鱼肉就是其中一道。而且，把它用于为各式意面、开胃薄饼和各种鱼类菜肴提味增香简直可以说是完美。

注：本节后面的两个食谱所用开心果均为经过原产地名称保护认证的布龙泰开心果。

布龙泰开心果里科塔奶酪慕斯

Pistacchio Verde di Bronte D.O.P. and

Ricotta Mousse

做法：

1. 制作慕斯。将蛋黄、糖、牛奶混合在一起搅打均匀，然后烹煮直至呈奶油状。

2. 在煮沸的奶油中溶解食用明胶（事先用凉水浸泡软化，挤捏）。放入开心果酱后使其自然冷却。

3. 放入过筛的里科塔奶酪，搅拌，最后加入鲜奶油。再倒入单人份模具中，放入冰箱冷冻几个小时。

4. 制作外壳。在料理机中打碎白砂糖和布龙泰开心果。然后缓缓倒入蛋清中，加糖搅拌使之充分融合。

5. 烘焙盘底铺上蜡纸，将步骤 4 中的混合物装在裱花袋里，挤在模具中间制作慕斯底。烤箱预热至 180℃烘烤 15 分钟后，从模具中取出放凉。

6. 将冷冻过的慕斯从冰箱中拿出，放在外皮上。上桌之前解冻，按照个人喜好装饰即可。

操作难度： 高

准备时间： 45 分钟

冷冻时间： 2 小时

分量： 6~8 人份

用于制作外壳：

白砂糖 50 克

布龙泰开心果 50 克，去壳、去皮

蛋清 65 克

糖 20 克

用于制作慕斯：

牛奶 125 毫升

糖 75 克

蛋黄 2 个

食用明胶 5 克

里科塔奶酪 250 克

奶油 150 克

布龙泰开心果酱 80 克

布龙泰开心果包鲷鱼片

Snapper Fillet Encrusted in Pistacchio Verde di Bronte D.O.P.

做法：

1. 将番茄顶部切掉，用勺子挖空，内里撒少许盐。

2. 将欧芹、大蒜和刺山柑在水中漂洗干净后切碎。

3. 将面包屑和少许牛至掺进步骤 2 的混合物中，再加入 10 毫升橄榄油，拌匀后塞进番茄内。

4. 将开心果压碎。

5. 将鲷鱼柳修剪好并切成片，抹上盐和胡椒粉调味，然后和压碎的开心果混合，使鱼片的表面粘上开心果碎。

6. 烤盘里抹少许橄榄油，摆好鲷鱼片，烤箱预热至 180℃，根据鱼片的厚度烘烤需 5~10 分钟。

7. 烤箱预热至 180℃，将带馅的番茄烘烤 10 分钟。

8. 将带馅的烤番茄和烤鲷鱼搭配装盘。

操作难度： 低

准备时间： 40 分钟

烹饪时间： 15~20 分钟

分量： 4 人份

鲷鱼柳 400 克

特级初榨橄榄油 50 毫升

布龙泰开心果 150 克

番茄 4 个，每个 80~90 克

面包屑 60 克

欧芹 1 枝

大蒜 1/4 瓣

刺山柑 5 克

牛至少许

调味盐和胡椒粉适量

帕基诺番茄I.G.P.

Pomodoro di Pachino I.G.P.

色泽亮丽、味道细腻、软硬适中——这是产自帕基诺的番茄的三大特征，它身在西西里，却名扬四海。

锡拉库扎省帕基诺地区的番茄种植最早要追溯到 20 世纪 20 年代中期。没过多久，人们便清晰地认识到这种来自西西里东部最南端的植物品种不同于意大利其他地区种植的番茄。这要归功于当地灌溉水中的盐分、肥沃的土壤、温和舒适的气候及充足的日照。

经过长时间不断使用不同品种的番茄做试验，当地企业最终选择了最能适应当地地形和气候条件的四个品种。帕基诺番茄不仅味道极好，而且具有非凡的营养价值，特别是番茄红素的含量极高。

圣女果，外形小而圆，一簇簇生长在藤蔓上，也有单独生长的。它颜色鲜红明亮，香气浓郁，甜美多汁。佛罗伦萨牛排番茄则个头稍大，表面有明显的沟壑，呈现出富有光泽的深绿色，味道芳香。Tondo Liscio，小而圆，绿中有红，在靠近茎部的地方呈明显的绿色，味道非常特别。最后一种是 Pomodoro Grappolo，它是长在藤蔓上一种成熟的番茄，个头娇小，表面光滑，有明亮的绿色或红色，根茎呈深绿色，它的肉咬起来软硬适中，散发着香气。

帕基诺的这四种番茄在整个帕基诺和波尔托帕洛迪卡波帕塞罗（意大利语：Portopalo di Capo Passero）地区都有种植，诺托和伊斯皮卡（位于拉古萨省）的部分地区也有种植。这些产区的番茄已经通过了欧盟的地理标志保护认证，品质也得到了同名联合企业的保障。该联合企业还确保厂家在生产过程中严格遵守《生产条例》的规定，保护原产地，最终很好地保护了当地番茄的外观、颜色、气味等感官特性和番茄种植、加工的悠久历史传统。

在西西里美食和意大利美食中，帕基诺番茄的用途非常广泛，因而广受好评。生食可以放在各种沙拉中，如意面沙拉、Bruschetta（意式特色烤面包片，上面放着切碎的番茄、蒜混合橄榄油，是一道极棒的开胃菜）；做成番茄酱就是一种很棒的意面酱，也可以制作比萨用；还可以为鱼类、肉类菜肴增味。

注：本节后面的两个食谱所用帕基诺番茄均为受地理标志保护认证的帕基诺番茄。

帕基诺番茄、罗勒、里科塔奶酪通心粉

Mezze Maniche Pasta with Pomodori
di Pachino I.G.P., Basil and Hard Ricotta Cheese

做法：

1. 将帕基诺番茄洗净并对半切开待用。

2. 将通心粉放入煮沸的淡盐水中煮熟，时间
以包装袋上标明的时间为准。

3. 同时，橄榄油入锅加热，放入整瓣去皮大
蒜（事先去皮）炒香，放入番茄和一半罗勒
叶（事先洗净并沥干水分）。

4. 加入盐和胡椒粉，烹饪约 10 分钟后取出
大蒜。

5. 通心粉煮至有嚼劲的时候沥出，放进平底
锅中和番茄一起翻炒，再加入剩下的罗勒叶。

6. 将通心粉装盘，撒上磨碎的硬质里科塔
奶酪。

操作难度： 低

准备时间： 15 分钟

烹饪时间： 12 分钟

分量： 4 人份

贝壳状通心粉 300 克

帕基诺番茄 1 千克

特级初榨橄榄油 50 毫升

大蒜 1 瓣

罗勒叶 5~6 片

硬质里科塔奶酪 60 克，磨碎

调味盐和胡椒粉适量

帕基诺番茄、茄子泥、罗勒酱汁佐海鲷

Seabream Fillet with Pomodori di Pachino I.G.P.,

Eggplant Purée and Basil Sauce

做法：

1. 将茄子洗净、沥干水分并对半切开。在中间塞入蒜片，裹上锡箔纸，烤箱预热至180℃，烘烤约 40 分钟。

2. 烤好后从烤箱中取出，去皮，然后与 1/3 的橄榄油混合，加盐调味后搅拌均匀。保温待用。

3. 将海鲷洗净，切成 4 份鱼片。

4. 将 2/3 的罗勒和剩余 1/3 的橄榄油混合搅打。

5. 将红洋葱切成圈状，浸泡在水中。

6. 在平底煎锅中加热剩余的橄榄油，放入鱼片、番茄和剩余的罗勒，如果喜欢还可以加点胡椒粉，烹饪 7~8 分钟。若太干，可以加入少量清水。

7. 将红洋葱滤水，放在厨房纸上吸干水分，再放入面粉中使面粉充分裹在洋葱上，然后在足够多的油中煎炸。炸好之后捞出来沥干油分。撒少许盐。

8. 将茄子泥和鲷鱼片装盘，浇上罗勒酱，最后摆上红洋葱圈。

操作难度： 中

准备时间： 60 分钟

烹饪时间： 7~8 分钟

分量： 4 人份

海鲷 2 条，每条 300 克

特级初榨橄榄油 120 毫升

大蒜 2 瓣

罗勒 1 束

茄子 2 个

红洋葱 1 个

帕基诺番茄 500 克

"00"号面粉适量

调味盐和胡椒粉适量

煎炸用油适量

帕尔玛火腿D.O.P.

Prosciutto di Parma D.O.P.

世人皆称它为"帕尔玛"，它有着微妙的浓香，它是世界上极具代表性和备受赞誉的"意大利制造"产品之一。究其原因，要归功于三方面：当地丰富的技术知识、产区理想的气候条件和始终选择高品质原材料的坚持。

帕尔玛火腿是波河领域千百年来流传下来的制作工艺造就的精华。前2世纪的意大利作家在书中记录了第一条帕尔玛火腿——一条经过盐渍、风干、油渍、熟化的猪腿。如同所有美好的事物都会被人熟记于心一样，自那时起这种制作火腿的方法就一代一代传了下来。如今，火腿制作手艺人对这项工作的热情、为生产过程和熟化过程中的每个细节付出的超乎寻常的耐心依然得到了很好的传承，从父到子，世代相传。

帕尔玛火腿获得了欧洲共同体的原产地名称保护认证，同时也拥有同名联合企业的王冠标识，该联合企业确保厂家严格遵守《生产条例》的各项规定生产加工火腿产品。这种精致的冷藏肉产自帕尔玛省——位于艾米利亚之路南部一直延伸到海拔900米处，东面紧邻恩扎河，西面与斯蒂罗内河接壤。这里的土壤条件非常完美，可以确保产品的香气和味道达到平衡，再加上经验丰富的腌制工人的熟练技术和帕尔玛地区散发自然清香的山上干燥清净的空气，帕尔玛火腿才成为一种完美的天然食品。

帕尔玛火腿美味可口，带有独特的甜香味，而且还是一种纯天然的健康食品。从最早的帕尔玛火腿到如今，它里面没有添加任何防腐剂或添加剂。它富含多种矿物质和维生素及容易消化的蛋白质，脂肪含量低。

用专门的切片器将帕尔玛火腿切成像纸张一样的薄片，更能品尝到它独特的风味。用适当的方法保存才不会造成香味的流失，更能与咸味开胃菜、小吃的味道区别开来。有时，它也可以搭配如戈贡佐拉那样的奶油奶酪，同诸如瓜类、杧果、无花果等水果以及蜂蜜或果脯一同食用。如若放入第一道主菜，比如各式意面、炖饭、团子以及凝乳，它都从视觉和味觉上赋予了它们全新的感觉；当然还有有鱼有肉的第二道菜。另外，它还可以是传统意大利烹饪中的豆类和蔬菜类配菜中的一种材料。

注：本节后面的两个食谱所用帕尔玛火腿均为经过原产地名称保护认证的帕尔玛火腿。

杏仁通心粉配帕尔玛火腿和摩德纳传统香脂醋

Macaroni with Prosciutto di Parma D.O.P.,
Traditional Balsamic Vinegar of Modena D.O.P. and Almonds

做法：

1. 将面粉倒在面板上，在中心位置围起一个圈打入鸡蛋，将面揉成光滑的面团。

2. 用塑料保鲜膜包住面团，静置 30 分钟。

3. 30 分钟后，将面团擀成小于 1 毫米厚的薄皮，切成宽约 5 厘米的方形。

4. 用细齿梳将面皮做成通心粉。

5. 在平底煎锅中翻炒杏仁片，或放入烤箱烘烤几分钟。

6. 在平底不粘锅中融化黄油，融化后加入帕尔玛火腿（切成 2~3 毫米厚的方块），煸炒几分钟后倒入摩德纳传统香脂醋，继续烹饪 3~4 分钟，形成糖浆似的酱。放入百里香。

7. 将通心粉放入煮沸的淡盐水中煮熟，捞出，装盘，浇上酱汁，撒上杏仁片即可上桌。

操作难度： 中

准备时间： 45 分钟

烹饪时间： 2~3 分钟

分量： 4 人份

用于制作面团：

"00" 号面粉 300 克

鸡蛋 3 个

用于制作浇头：

帕尔玛火腿 120 克

百里香 4 枝

杏仁片 20 克

黄油 30 克

摩德纳传统香脂醋 40 毫升

帕尔玛风味烤牛里脊肉

Beef Tenderloin Roast, Parma Style

做法：

1. 将牛里脊肉切成大一点的薄片，用木槌压扁。撒上盐和胡椒粉，再将帕尔玛火腿片和帕尔玛奶酪屑铺在肉上。将肉卷起，再用厨房绳捆住固定。

2. 在烤肉盘子里放入黄油和橄榄油，中火加热，煎里脊肉。

3. 放入香草（即迷迭香和鼠尾草）和大蒜，烘烤约 20 分钟。

4. 将土豆去皮，切块（1 厘米厚的均匀方块），放入淡盐水中煮几分钟，捞出来沥干水分再放入烤肉盘。倒入橄榄油和迷迭香调味，再放入预热至 180℃的烤箱烘烤约 20 分钟，直至土豆变成金黄色。一切就绪后，取出迷迭香，再加少许盐调味。

5. 将牛里脊肉从烤箱中拿出，保温。在烹饪过程中产生的汁水中加入红葡萄酒和玛萨拉白葡萄酒准备做酱。

6. 步骤 5 中的酱继续炖煮直至形成糖浆状。加入奶油搅匀，然后用过滤器滤出汤汁，保温。

7. 将牛里脊肉上的绳子解掉，切成带有一定厚度的片。摆在土豆上面装盘，浇上酱汁即可上桌。

操作难度： 中

准备时间： 25 分钟

烹饪时间： 20 分钟

分量： 4 人份

牛里脊肉 600 克

帕尔玛奶酪 50 克，刨花

帕尔玛火腿 80 克，切片

大蒜 1 瓣

迷迭香 2 枝

鼠尾草 1 枝

红葡萄酒 50 毫升

玛萨拉白葡萄酒 50 毫升

奶油 50 毫升

特级初榨橄榄油 20 毫升

黄油 30 克

调味盐和胡椒粉适量

用于制作配菜：

土豆 500 克

特级初榨橄榄油 30 毫升

迷迭香 1 枝

调味盐适量

特雷维索菊苣I.G.P.

Radicchio Rosso di Treviso I.G.P.

　　它是极好的菊苣之一，大自然的奇迹之一，也是所有美食家的向往。这就是特雷维索菊苣，自 1996 年以来一直享受地理标志保护制度认证的一种蔬菜，一种世界上独一无二的蔬菜。与此同时，同名联合企业长期以来致力于保障其产地的正宗性并推广该产品，确保产出的菊苣是符合《生产条例》规范的产品。

　　在特雷维索、威尼斯、帕多瓦以及威尼托中央平原地带，这种珍贵的菊苣的栽培工艺仍然十分传统。这些地方夏季气候温润，冬季寒冷，对菊苣的生长周期很有利。此外，因为有将威尼托上下游平原分开的所谓的"喷泉之线"的存在，这里水源丰富，土壤肥沃。该地区最早出现的菊苣是野生菊苣，是 16 世纪和 19 世纪末期生产技术的不断改进和作物本身的不断更迭孕育出了如今有名的特雷维索菊苣。

　　作为特雷维索和威尼托的象征，特雷维索菊苣非常特别，目前有两个品种：Tardivo 和 Precoce（二者均已获得地理标志保护认证）。Tardivo 被认为是菊苣之王，它呈明显的长条形，在靠近顶部的位置有小小的、匀称的枝叶，叶子的边缘是红葡萄酒的颜色，中间是白色脉络。它的味道很清淡，微苦，口感清脆。

　　Tardivo 需要若干个星期的人工劳动后才能上桌享用，而它的"兄弟"Precoce 的生产加工过程则简单很多。Precoce 有着又大又长的闭合的顶部，白色叶子，口感略苦却也清脆，中间有非常明显的白色脉络，向叶子外延延伸出许多细小的暗红色纹路。

　　特雷维索菊苣的用途非常广泛，在许多传统烹饪食谱中占有重要的一席之地。把它放在沙拉中生食美味爽口，也可放在开胃菜和前两道主菜中。此外，它还可以作为配菜或制作甜点的基础食材，比如果酱。

注：本节后面的两个食谱所用菊苣均为受地理标志保护认证的特雷维索菊苣。

特雷维索菊苣、圣丹尼火腿
和塔雷吉欧乳酪馅饼

Radicchio Rosso di Treviso I.G.P. Savory Pie
with Prosciutto di San Daniele and Taleggio

做法：

1. 制作馅饼皮。用指尖将面粉和黄油搅拌均匀，产生沙质感觉即可，然后加入盐和凉水揉成光滑的面团。揉好后放在冰箱静置 30 分钟。

2. 将菊苣洗净，切成 1 厘米宽的长条，再放入加热了橄榄油的锅中煸炒，加入少许盐和胡椒粉调味，煸炒 2~3 分钟。

3. 将做好的馅饼皮铺在模具底部，厚度保持在 2 毫米。

4. 将菊苣、圣丹尼火腿（切成 2~3 毫米厚的长条）和剁碎的塔雷吉欧奶酪摆在底部。

5. 在碗中打好鸡蛋，倒入奶油、盐和胡椒粉，拌匀后倒入模具。

6. 烤箱预热至 180℃烘烤约 20 分钟后取出。

操作难度： 低
准备时间： 45 分钟
静置时间： 30 分钟
烹饪时间： 20 分钟

分量： 4~6 人份

用于制作馅饼皮：

"00" 号面粉 125 克
黄油 60 克
清水 30 毫升
盐 2 克
特雷维索菊苣 300 克
圣丹尼火腿 100 克
塔雷吉欧奶酪 80 克
奶油 200 毫升
鸡蛋 2 个
特级初榨橄榄油适量
胡椒粉适量

阿齐亚戈芝士火锅配特雷维索菊苣馅红芜菁意式水饺

Red Turnip Tortelli Stuffed with Radicchio Rosso di Treviso I.G.P. with Asiago Cheese Fondue

做法：

1. 制作面团。在面板上倒上面粉，加入鸡蛋、红芜菁泥，揉成表面光滑有弹性的面团。用塑料保鲜膜包住放入冰箱冷藏 30 分钟。

2. 将菊苣清洗干净，切成长条，放入没过菊苣的油锅中和洋葱一起煸炒。加入盐和胡椒粉调味。炒好后，加入剁碎的帕尔玛火腿、鸡蛋、帕尔玛奶酪碎和里科塔奶酪碎。再加入磨碎的肉豆蔻调味。

3. 将面团擀成约 1 毫米厚的面皮，切成直径约 8 厘米的小块，用裱花袋将步骤 2 做好的馅料堆在每张面皮的中心，然后对折形成月牙形，将边缘捏合。

4. 制作奶酪火锅。用黄油和面粉调成面粉糊，即在锅中融化黄油，再加入面粉，用搅拌器充分搅拌。小火加热 1 分钟。

5. 倒入热牛奶，继续烹煮。最后加入阿齐亚戈奶酪使其融化。如有必要可加少许盐调味。

6. 将水饺放入煮沸的淡盐水中煮熟，搭配奶酪火锅装盘。

操作难度： 中

准备时间： 90 分钟

烹饪时间： 3~4 分钟

分量： 4 人份

用于制作面团：

"00"号面粉 300 克

鸡蛋 2 个

红芜菁 80 克，提前煮熟且搅打成泥

用于制作馅料：

特雷维索菊苣 1 千克

洋葱 100 克

帕尔玛奶酪 30 克，磨碎

帕尔玛火腿 60 克

里科塔奶酪 100 克，磨碎

特级初榨橄榄油 50 毫升

鸡蛋 1 个

肉豆蔻适量，磨碎

用于制作奶酪火锅：

调味盐和胡椒粉适量

黄油 35 克

"00"号面粉 20 克

热牛奶 300 毫升

新鲜的阿齐亚戈奶酪 250 克

调味盐适量

韦尔切利比耶拉大米D.O.P.

Riso di Baraggia Biellese e Vercellese D.O.P.

虽然出自意大利，却让人联想到非洲热带草原：广阔的草原和沼泽，在目所能及的范围，重峦叠嶂，树木繁茂。这是巴拉圭自然保护区，坐落在皮埃蒙特东北部海拔150~340米的高原上，这也是一个环境条件独特的栖息地。韦尔切利比耶拉大米就在这个环境优美的地方生长、收获、加工，产地主要包括位于巍峨的罗萨山脚下的比耶拉省、韦尔切利省，罗萨山顶的雪峰融化后的纯净的雪水流下灌溉了稻田。

与韦尔切利比耶拉同名的联合企业在背后支持监督，保证这里生产的每一粒稻米都完好地保留了它们独特的感官特性，确保它们出自巴拉圭的土壤，严格按照《生产条例》的规范用当地碾米机处理。这种稻米是意大利唯一一种获得欧盟原产地名称保护认证的稻米，该项认证将其定义为一种将未加工的稻米或糙米经过煮成半熟并精细加工而成的大米产品。

产区独特的土壤条件和气候状况，辅之人为的精细照料，使得韦尔切利比耶拉的稻米在烹饪时非常有弹性，与其他地区同类的稻米品种相比，它一旦煮熟，质地细腻，颗粒分明，黏性低。在获得原产地名称保护认证的所有农作物中（Arborio，Baldo，Balilla，Carnaroli，Sant'Andrea，Loto and Glad io），最适合做炖饭和地方特色菜肴的大米是Carnaroli、Sant'Andrea以及Arborio and Baldo。

在巴拉圭地区，这种大米的种植方法早在16世纪就有文献记载，证明即使在那个时代这种产品就具备独特的外观、气味、味道等感官特性和营养属性。数个世纪以后，稻米种植户选择了最好的品种，并逐渐改良了品质，直至他们让巴拉圭的大米在产区之外的地方也收获了无数美名。

韦尔切利比耶拉大米，特别是Carnaroli品种，是以传统谷物为主要食材的意大利烹饪中的佼佼者。在做意式炖饭时，它简直可以说是一种无与伦比的大米；在其他简单的菜品中也一样，例如汤羹、烤蔬菜、米沙拉、蛋糕、甜品以及美味的松饼。

注：本节后面的两个食谱所用韦尔切利比耶拉大米均为经过原产地名称保护认证的韦尔切利比耶拉大米。

巴罗洛葡萄酒意式炖饭

Barolo Risotto

做法：

1. 将洋葱去皮，切碎。平底锅加入黄油 20 克加热，放入洋葱炒香。

2. 加入韦尔切利比耶拉大米，用木勺煸炒至变色（为了做成最好的炖饭，这个步骤必须做好）。大米炒好的时候，表面的小气孔都闭合了，所以米饭不会炒过头。

3. 倒入巴罗洛葡萄酒，使之完全蒸发，中火继续烹饪，缓缓倒入煮沸的牛肉高汤，持续搅拌。

4. 大米炖至有韧劲的时候，离火，倒入剩余的黄油和帕尔玛奶酪碎，搅拌均匀即可。

操作难度： 低

准备时间： 10 分钟

烹饪时间： 20 分钟

分量： 4 人份

韦尔切利比耶拉大米 300 克

洋葱 40 克

巴罗洛葡萄酒 400 毫升

牛肉高汤 1 升

黄油 60 克

帕尔玛奶酪 80 克，磨碎

胭脂虾配柠檬炖饭

Lemon Risotto with Red Shrimp

做法:

1. 将虾仔细清洗干净、去头去尾,并去除虾线和虾壳。纵向切开,放在两片塑料保鲜膜中,用刀背压平。

2. 将葱剁碎。橄榄油入锅加热,放入葱炒香。再加入韦尔切利比耶拉大米煸炒。

3. 倒入普罗塞克葡萄酒,使其完全蒸发,保持中火继续烹饪,然后缓缓倒入煮沸的高汤(事先煮沸高汤),持续搅拌。

4. 大米炖至有韧劲时,离火,倒入剩余的黄油和磨碎的柠檬皮(留少许最后做装饰用)、少许牛至和现磨胡椒粉,搅拌均匀。

5. 将大米装盘,虾摆在顶部,加以磨碎的柠檬皮装饰后即可上桌。

操作难度: 低

准备时间: 10 分钟

烹饪时间: 20 分钟

分量: 4 人份

韦尔切利比耶拉大米 300 克

青葱 20 克

普罗塞克葡萄酒 200 毫升

蔬菜高汤 1 升

柠檬 2 个,皮磨碎

特级初榨橄榄油 25 毫升

胭脂虾 12 尾

调味盐和胡椒粉适量

牛至适量

瓦尔齐萨拉米香肠D.O.P.

Salame di Varzi D.O.P.

食谱越简单，味道就越不简单。瓦尔齐萨拉米香肠产自帕维亚省山地地区的一个市镇，是意大利肉类熟食品中的旗舰产品。制作瓦尔齐萨拉米香肠的材料非常简单，却在简单中达到了完美的平衡：它质地粗糙，采用猪身上几乎所有部位的肉（除了头和脚），也包括最有价值的部分，瘦肉和脂肪含量均衡，再用上少量大自然提供的天然材料，如海盐、胡椒、红葡萄酒和大蒜。当它们结合在一起，经过长时间专业的熟化过程，瓦尔齐萨拉米香肠便具有细腻可口的口感和特别明显的香气。斯塔福拉河流域干燥多风的气候，再加上从利古里亚海湾过来的气流，可以确保在制作香肠时不用放过多的盐就能长时间储存，这样腌制的肉更柔软、美味，香味不会过于强烈，熟化程度适中。

瓦尔齐萨拉米香肠自 1996 年以来就拥有欧盟授予的原产地名称保护商标，证明其产品的正宗性，并保护其原产地。同时，与之同名的联合企业则致力于确保产品符合《生产条例》的各项标准。在历史的长河中，它的起源似乎有些不太确凿。似乎是伦巴第人于中世纪将猪肉香肠的生产加工引入了斯塔福拉河流域，瓦尔齐正是该地带的中心。这种工艺后来逐渐成为传统，并且从 12 世纪起在该地区的修道院中得到不断改进，后来又得益于"盐路贸易"得到进一步巩固。"盐路贸易"使得瓦尔齐成为当时连接热那亚、帕维亚和米兰的枢纽，也使斯塔福拉河流域在伦巴第和意大利美食方面发挥了重要的作用。

瓦尔齐萨拉米香肠质地柔嫩、结实，内部没有中空，切开后的截面中瘦肉呈明亮的红色，脂肪呈纯净的白色。根据熟化程度的不同，它或多或少有点辛辣的香味，混杂着模具、面包、绿色树木和含羞草的味道，吃起来有股微妙的甜味。

搭配无花果或甜瓜，切成或薄或厚的片，可直接食用。瓦尔齐萨拉米香肠不仅可以配以两片面包食用，也可以用于开胃菜（腌菜可有可无），而在其他食品中它也能增添一种精致的美感和独特的味道。

注：本节后面的两个食谱所用瓦尔齐萨拉米香肠均为经过原产地名称保护认证的瓦尔齐萨拉米香肠。

冬南瓜、瓦尔齐萨拉米香肠、摩德纳传统香醋配小斜管意面

Pennette Rigate with Butternut Squash,
Crunchy Salame di Varzi D.O.P. and Traditional Balsamic
Vinegar of Modena D.O.P.

做法：

1. 将冬南瓜去皮，刮去外皮、种子以及内瓤的细丝。把其中一些切成薄片后放入加热的油锅中煎炸，再把一些切成约1厘米宽的小丁。

2. 把剩余的冬南瓜切成小块，将洋葱切碎，一起放入锅中翻炒，加少许盐调味。锅中加入足够没过冬南瓜和洋葱的水，煮沸后直到蔬菜熟了为止。蔬菜熟了之后，放入搅拌器处理直至形成乳状。如果太浓，可以加入少许煮蔬菜的汤稀释。

3. 将萨拉米香肠（60克）切成条，其余的切成片，放入预热至50℃的烤箱烘烤30分钟。

4. 在平底煎锅中中火加热少许橄榄油，炒香冬南瓜丁，加入盐和胡椒粉调味。再将之拨到锅的一边，翻炒萨拉米香肠片。

5. 小斜管意面放入煮沸的淡盐水中煮至有嚼劲的时候，捞出来倒入步骤2的乳状物中，再加入冬南瓜丁一起快速翻炒，同时加入萨拉米香肠。

6. 装盘后滴几滴摩德纳香脂醋，再用煎炸过的冬南瓜和烘干的萨拉米香肠片做装饰即可上桌。

操作难度： 低

准备时间： 40 分钟

烹饪时间： 10 分钟

分量： 4 人份

小斜管意面 250 克
冬南瓜 300 克
瓦尔齐萨拉米香肠 100 克，
切成 1 毫米的薄片
特级初榨橄榄油 20 毫升
清水 0.75 升
金黄色洋葱 1 个
摩德纳传统香脂醋适量
调味盐和胡椒粉适量
煎炸用油适量

瓦尔齐萨拉米香肠糕

Salame di Varzi D.O.P. Log

做法：

1. 制作贝夏梅尔调味酱。将黄油、面粉、牛奶掺在一起，加入盐和肉豆蔻调味，冷却。

2. 用裹了塑料保鲜膜的木板放在模具底部。除去萨拉米香肠肠衣，将一部分切成薄片，摆在模具内，可以层叠。

3. 将剩余的瓦尔齐萨拉米香肠切成小丁，放入料理机中打碎。

4. 打碎后加入黄油继续搅拌直至形成乳状。再倒入贝夏梅尔调味酱，搅拌使之充分混合。在模具中倒入一层该香肠乳状物，再放一层佛卡夏面包，再倒一层香肠乳。

5. 依次倒入直至模具被填满，最上面一层为面包。放入冰箱冷藏 30 分钟。

6. 将木板从模具中拿出，去掉保鲜膜，切成大片装盘食用。

操作难度： 高

准备时间： 30 分钟

静置时间： 60 分钟

烹饪时间： 45 分钟

分量： 4~6 人份

瓦尔齐萨拉米香肠 500 克

黄油 150 克

佛卡夏面包 100 克

用于制作贝夏梅尔调味酱：

牛奶 125 毫升

黄油 12 克

"00" 号面粉 15 克

肉豆蔻适量

调味盐和胡椒粉适量

上阿迪杰烟熏火腿I.G.P.

Speck Alto Adige I.G.P.

上阿迪杰享受着舒适的地中海气候，一年中有 300 天都是晴天朗日，还有高海拔地区特有的环境氛围以及阿尔卑斯景观。同样，提洛尔南部饮食文化的代表产品上阿迪杰烟熏火腿则结合了两种冷肉保鲜方法，充分利用了阿尔卑斯山北部常用的烟熏工艺和南部经典的风干技术。

作为提洛尔南部饮食文化的特色产品，上阿迪杰烟熏火腿是一种完全剔骨的生火腿，根据意大利饮食传统的工艺要求，它经过轻微烟熏，暴露于新鲜的山区空气中风干、调味、成熟。1996 年，上阿迪杰烟熏火腿就获得了地理标志保护认证，同名的联合企业保障厂家严格遵守《生产条例》各项规范，按照传统的加工工艺制作火腿。因此，这种火腿因其制作方法和味道的独特性在世界各地的美食家和厨师中广受赞誉。

尽管有着不同的名称和定义，这种美味可口的冷肉食品在 8 世纪就为人知晓了，又从 13 世纪开始出现于各种文献记录和有关屠夫的规章条例中。它只选用上等的猪大腿肉，沿用传统的制作工艺的加工而成，即"少盐、空气多"，其中包括浸泡、烟熏和腌制等工序。

在过去，提洛尔南部的农民出于保存多余猪肉的需求而发明了这种火腿，后来逐渐成为家庭的日常消费品，但是火腿生产厂家世世代代坚持不懈地将这种制作方法和配方保存了下来，才让如今的上阿迪杰烟熏火腿如此特别。

上阿迪杰烟熏火腿含有很多宝贵的营养成分，富含容易被身体吸收的蛋白质和维生素 B，矿物质含量极高，特别是钠、钾、铁、锌。此外，它的热量适中，对身体健康大有裨益。

上阿迪杰烟熏火腿可以切成薄片生食，口感极佳。也可以作为一种基础食材放入各种提洛尔风味的美味佳肴。典型的菜品包括火腿馅意式水饺、意面、团子或米饭的佐酱。它还是一种美味的比萨、馅饼馅料，和白肉、生蔬菜沙拉、鱼类、贝类、豆类以及其他蔬菜都是很不错的搭配，既能让菜品提鲜，又可悦目。

注：本节后面的两个食谱所用上阿迪杰烟熏火腿均为受地理标志保护认证的上阿迪杰烟熏火腿。

菊苣咸派佐上阿迪杰烟熏火腿、炒苹果和核桃仁

Endive Quiche with Speck Alto Adige I.G.P.,
Sautéed Apples and Walnuts

做法:

1. 将陈面包切成 0.5 厘米宽的小方块。

2. 将上阿迪杰烟熏火腿切成 2~3 毫米宽的小丁。

3. 将苹果去皮, 去核, 切成 1 厘米宽的小丁。

4. 在平底煎锅中融化黄油, 依次放入火腿丁、苹果丁煸炒几分钟, 最后放入陈面包。

5. 放凉后加入切碎的核桃仁, 加入盐和胡椒粉调味。

6. 将比利时菊苣焯水后和步骤 4、步骤 5 中的苹果混合物一起放入涂抹过黄油的单人份模具中。

7. 将烤箱预热至 160℃烘烤约 15 分钟, 静置 5 分钟后从模具中取出。

操作难度: 中

准备时间: 20 分钟

烹饪时间: 15 分钟

分量: 4 人份

比利时菊苣 300 克

上阿迪杰烟熏火腿 100 克

黄油 25 克

陈面包 50 克

苹果 2 个

核桃仁 20 克

调味盐和胡椒粉适量

涂抹模具的黄油 10 克

上阿迪杰烟熏火腿和戈贡佐拉奶酪馅卷饼

Speck Alto Adige I.G.P. and Gorgonzola D.O.P. Strudel

做法：

1. 在面粉中加入水、少许橄榄油和盐，揉成光滑有弹性的面团。最后揉成球形裹上保鲜膜静置 30 分钟。

2. 准备卷饼用的馅料。将土豆带皮煮熟，放凉后剥皮并切成薄片。

3. 在锅中将菠菜和黄油翻炒均匀，加入松仁和葡萄干（提前用温水浸泡 15 分钟并控干水分）。再加入土豆片。将上阿迪杰烟熏火腿切成长条。

4. 砧板上撒少许面粉，将面团擀成薄饼，用拳头按压拉伸。将馅料纵向铺在面饼上，边缘留 2~3 厘米。撒上戈贡佐拉奶酪碎，将面饼卷起来，在边缘轻轻按压。

5. 表面刷上一层融化的黄油。

6. 将卷饼放入烤盘（铺上蜡纸），烤箱预热至 170~180℃烘烤约 20 分钟。烤好放凉后装盘。

操作难度： 中 ☁ ☁

准备时间： 60 分钟 🕐

烹饪时间： 20 分钟

分量： 4~6 人份

用于制作面团：

"00"号面粉 250 克

清水 150 毫升

特级初榨橄榄油 20 毫升

盐少许

用于制作馅料：

上阿迪杰烟熏火腿 80 克

土豆 350 克

黄油 20 克

菠菜 30 克，洗净

葡萄干 10 克

松仁 15 克

戈贡佐拉奶酪 100 克

用于制作浇头：

黄油 5 克

阿尔巴白松露 P.A.T.

Tartufo Bianco di Alba P.A.T.

无论从烹饪角度还是纯粹的经济学角度来讲，它都是有史以来极有价值的松露品种。尽管它通常被称为 Tartufo Bianco（白松露），但它的学名却叫作 Tuber magnatum Pico（亦作白松露），这绝非偶然，因为它来源于拉丁语单词，意为"富有的人"。

尽管亚历山德里亚和都灵也有阿尔巴白松露，但它在兰盖、蒙费拉托、罗埃罗最为常见。在所有的松露品种中，它是最有价值的一种，所以早已被收录为一种传统区域性食品。阿尔巴是库内奥省的一个小镇，那里有古老的白松露集市和白松露国际拍卖场所。

这是一种在地底下完全自然生长的菌类（如今依然没有任何关于它的栽培技术）。从夏末、整个秋天，直到冬天，它在地下深处生根发芽，沿着溪流边的黏土，攀着树木（杨树、椴树、榛树、橡树等）生长，一般可以长到几厘米至 1 米不等。它的外观呈球形，也有扁平或不规则形状，呈天鹅绒般柔和光滑的质感，颜色多为浅黄色和赭石色，直径为 2~9 厘米不等，内部布满了许多纵横交错的脉络，有的呈乳白色，有的呈粉色或棕色。这种"天然金块"的气味浓郁，很特别，夹杂一股蓝色奶酪的淡淡香气，还透出大蒜、蘑菇和蜂蜜的味道，让全世界的食客和厨师为之疯狂。

自古以来，人们都知道阿尔巴白松露为神圣的美食圈带来的乐趣，以至于人们甚至认为正如罗马诗人 Junvenal 所说，它是木星在橡树旁边丢下的一个雷电所生——橡树是众神之父的神圣植物，也被认为是地球上最贪婪的果实。因为自身风味独特，香气浓郁，所以阿尔巴白松露可以生食，也可以用专门的切片机切成薄如蝉翼的切片。而且只需要用很少的量，它就可以为许多阿尔巴风味的传统菜肴调味，如细宽面（当地的一种特色意面）、煎鸡蛋以及奶酪火锅。但是，对于每一位厨师来说，他们的每一个创意菜谱都少不了这种珍品给味蕾带来的精致体验。

注：本节后面的两个食谱中所用阿尔巴白松露均为意大利传统区域性食品中的阿尔巴白松露。

阿尔巴白松露配鸡蛋馅意式水饺

Egg Ravioli with Tartufo Bianco di Alba P.A.T.

做法：

1. 在面板上将鸡蛋和蛋黄掺进面粉中，开始揉面。将揉好的面团用保鲜膜裹住放进冰箱，冷藏 30 分钟。

2. 制作馅料。将里科塔奶酪过筛后与帕尔玛奶酪碎混合，加入盐、胡椒粉和少许肉豆蔻调味。

3. 取出面团，用擀面棍擀平。将馅料用裱花袋挤在面皮上，形成直径约为 10 厘米的圆堆。再在每堆馅料的中心位置放一个蛋黄。

4. 用擀面棍将另外的面团也擀成薄片，盖在步骤 3 堆好的馅料上面，再用环形模具切成饺子的形状。

5. 使用帕尔玛奶酪做酱。将磨碎的帕尔玛奶酪（留少许待用）和步骤 2 的奶酪乳混合，小火炖煮。充分搅拌直至形成浓稠适中的酱。

6. 在煮沸的淡盐水中放入饺子，煮熟后捞出，加入少许融化的黄油、少许奶油以及帕尔玛奶酪碎。

7. 装盘上桌后，撒上几片白松露刨片。

操作难度： 中

准备时间： 60 分钟

烹饪时间： 4~5 分钟

分量： 4 人份

用于制作面团：

"00" 号面粉 250 克

蛋黄 1 个

鸡蛋 2 个

用于制作馅料：

里科塔奶酪 150 克

帕尔玛奶酪 30 克，磨碎

蛋黄 4 个

肉豆蔻适量

调味盐和胡椒粉适量

用于制作帕尔玛奶酪乳：

奶油 60 克

帕尔玛奶酪 60 克

用于成品：

黄油 40 克

阿尔巴白松露适量

阿尔巴白松露佐细宽面

Tagliolini with Tartufo Bianco di Alba P.A.T.

做法：

1. 将面粉倒在面板上，打入鸡蛋，揉成光滑有弹性的面团。静置约 90 分钟。

2. 用合适的工具将面擀成厚度约为 0.5 毫米的薄片，再切成约 1 毫米宽的细宽面。

3. 将面放入煮沸的淡盐水中煮 2~3 分钟。另起锅融化黄油，再加入一大勺煮面的汤。

4. 将煮至有嚼劲的面条捞出沥水，再放入有黄油的锅中翻炒均匀。

5. 将面装盘，撒几片白松露薄片，即可上桌。

操作难度： 低

准备时间： 40 分钟

烹饪时间： 2~3 分钟

分量： 4 人份

用于制作面团：

"0"号面粉 300 克

鸡蛋 3 个

黄油 50 克

调味盐适量

用于成品：

阿尔巴白松露适量，切片

拉奎拉藏红花D.O.P.

Zafferano dell'Aquila D.O.P.

它的颜色鲜艳，几乎让人看一眼就迷醉。它的花瓣呈深紫色略带粉红，三根红色的花丝和三个黄色的花药，给视觉带来了一定的冲击。所以，希腊神话将藏红花的诞生归功于年轻俊秀的小伙克鲁库斯和甜美的仙女斯麦莱克斯之间爱情的产物，一点都不足为奇：克鲁库斯在古雅典附近的森林中遇到了斯麦莱克斯并爱上了她，但最终失恋被变作藏红花。

拉奎拉藏红花只产自意大利中部地区的拉奎拉省，再具体一点说，是指纳韦利高原。这里的藏红花珍稀独特，品质优良，自 2005 年起就一直是通过欧盟认证的原产地名称保护产品，同时与之同名的联合企业致力于保证其产品的正宗性，确保藏红花的种植、加工生产严格按照《生产条例》的规范进行。这里的藏红花历史悠久，孕育自得天独厚的环境和文化传统，经过独特的处理方法加工而成，是品质极好的藏红花。

当多明尼加的僧侣于 13 世纪将这种藏红花引入纳韦利高原的时候，它立刻发现了阿布鲁佐的乡土简直是它理想的生活环境：岩溶地形不会发生可能影响植物生长的积水。藏红花种植文化随即迅速蔓延，而且由于其卓越的品质，那些刚刚建立拉奎拉城市的贵族家庭很快在米兰和威尼斯创建了大型市场，甚至覆盖外国的许多城市，比如法兰克福、马赛、维也纳、纽伦堡和奥格斯堡等。

如今藏红花的生产加工过程依旧需要人们长期、大量的艰苦劳作，无论是在采花、打磨还是烘干阶段。采花需要在藏红花开花期间的每天清晨进行，日日如此；打磨时，要将柱头和雄蕊从喇叭状的花朵中分离开来；烘干柱头时，要将柱头倒在筛子里，放在杏树木或橡木未燃烧完的灰烬上方过筛、烘干。这个复杂的处理过程使得它更加珍贵，因此它被视为世界上最有价值的香料，一点也不足为奇。只要想一想每 1 千克藏红花产品需要采集 25 万朵藏红花且需要超过 500 小时的工时制成，你就知道它有多昂贵了。

在厨房烹饪中使用拉奎拉藏红花时（市面上销售的柱头有囫囵或粉末），需要提前泡在汤水中软化使它们恢复"原形"。或者，你也可以在烹饪结束时使用，因为当它们磨碎成粉后在菜肴即将出锅前使用它本身的味道和香气才不会丢失。拉奎拉烹饪和意大利烹饪的许多食谱都用到了藏红花（只用少量），为了增色、增味、增香，例如经典的藏红花羊排配米兰炖饭。

注：本节后面的两个食谱所用拉奎拉藏红花均为经过原产地名称保护认证的拉奎拉藏红花。

拉奎拉藏红花冰激凌

Zafferano dell'Aquila D.O.P. Ice Cream

做法：

1. 将牛奶倒入小锅，加热至约45℃，再倒入各种干食材：糖、奶粉、葡萄糖和稳定剂。继续加热煮至65℃，加入奶油，加热至85℃。

2. 加入拉奎拉藏红花后，快速冷却至4℃。然后把锅中混合物倒入容器，置于加有冰块的容器中。温度保持在4℃约6小时。

3. 将以上混合物冷冻，在冰激凌机中搅拌，直到发泡，看上去较干，表面不光滑（所需时间取决于自家冰激凌品牌）时即可。

操作难度： 中

准备时间： 60分钟

静置时间： 6小时

分量： 约750克冰激凌

全脂牛奶500毫升

糖120克

脱脂奶粉20克

葡萄糖15克

稳定剂3.5克

掼奶油75毫升

拉奎拉藏红花少许

拉奎拉藏红花饭团

Zafferano dell'Aquila D.O.P. Rice Balls

做法:

1. 制作肉酱。将洋葱洗净、剁碎,放入加入少许橄榄油的锅中炒香,加盖炖煮。

2. 加入香肠(除去肠衣、切碎),煸炒至变色,去除多余的脂肪,再加入剁碎的番茄。加盐和胡椒粉调味后烹煮约 20 分钟。

3. 将豌豆焯水,沥干,倒入步骤 1 的酱中。

4. 将斯卡莫札奶酪切成小丁。

5. 制作炖饭。锅中倒入 20 克黄油,放入剁碎的洋葱煸炒至变色。接着加入大米,继续翻炒,逐步加入高汤,保持翻炒。当大米半熟时,加入藏红花(在高汤中浸泡过)。

6. 当大米有嚼劲的时候,离火,放入剩余的黄油和磨碎的帕尔玛奶酪碎继续搅拌。

7. 在半圆形模具中涂抹黄油,撒上面包屑,沿边倒入做好的炖饭。炖饭中心的位置放入肉酱(事先加入斯卡莫札奶酪丁)。

8. 表面再放一些炖饭,撒少许小块黄油(事先切块),烤箱预热至 180℃烘烤 20 分钟后取出。

操作难度: 中

准备时间: 60 分钟

烹饪时间: 20 分钟

分量: 4~6 人份

用于制作炖饭:

阿波罗大米 300 克

洋葱 50 克

牛肉高汤 1.5 升

黄油 60 克

拉奎拉藏红花少许

磨碎的帕尔玛奶酪 80 克

涂抹模具的黄油适量

面包屑适量

用于制作肉酱:

洋葱 100 克

特级初榨橄榄油 20 毫升

香肠 300 克

番茄 250 克,剁碎

调味盐和胡椒粉适量

新鲜豌豆 100 克

斯卡莫札奶酪 150 克

联合企业

摩德纳传统香脂醋 D.O.P. 保护协会
Viale Virgilio 55，Modena
Tel. +39 059 208604
Fax +39 059 208606
consorzio.tradizionale@mo.camcom.it
www.balsamicotradizionale.it

西西里血橙 I.G.P. 保护协会
Via San Giuseppe la Rena 30/b，Catania
Tel./Fax +39 095 7232990
aranciarossadisicilia@gmail.com
www.tutelaaranciarossa.it

热那亚罗勒 D.O.P. 保护协会
Villa Doria Podestà，Via Pra 63，Genova
Tel. +39 010 5601152
info@basilicogenovese.it
www.basilicogenovese.it

乌鱼子 P.A.T. 新合作社
Nuovo Consorzio Cooperative Pontis
Via dei Mestieri，Cabras（OR）
Tel./Fax +39 0783 392585
info@consorziopontis.it
www.consorziopontis.net

瓦尔泰利纳风干牛肉 I.G.P. 保护协会
Piazza Cavour 21，Sondrio
Tel. +39 0342 21236
Fax +39 0342 515326
info@bresaoladellavaltellina.it
www.bresaoladellavaltellina.it

马背奶酪 D.O.P. 保护协会
Via Forgitelle，Loc. Camigliatello Silano
Spezzano della Sila（CS）
Tel./Fax +39 0984 570832
caciocavallosilano@tiscali.it
www.caciocavallosilano.it

潘泰莱里亚刺山柑 I.G.P. 农产品合作社
C.da Scauri Basso，Pantelleria（TP）
Tel./Fax +39 0923 916079 - 0923 918311
capperi@pantelleria.com
www.capperipantelleria.com

撒丁岛斯皮诺洋蓟 D.O.P. 保护协会
Via Perugia 12，Valledoria（SS）
Tel./Fax +39 079 582248
carcspindisardegna@tiscali.it
www.carciofosardodop.it

库内奥板栗 I.G.P. 促进与保护联合会
Via B. Bruni 5，Cuneo
Tel. +39 017 5282313
Fax +39 017 5282320
press@castagnacuneoigp.eu
www.castagnacuneoigp.eu

卡斯特马诺奶酪 D.O.P. 保护协会
P.zza Caduti 1，Castelmagno（CN）
Tel. +39 0171 986148
info@consorziocastelmagnodop.it
www.castelmagnodop.it

卡拉布里亚特罗佩亚红洋葱 I.G.P. 保护协会
Via Roma，Vena Superiore（VV）
Tel./Fax +39 0963 260631
Tel./Fax +39 0963 42149
www.consorziocipollatropeaigp.com
info@consorziocipollatropeaigp.com

塞塔拉鳀鱼汁 P.A.T. 保护协会
Consorzio per il Mediterraneo
Via Pietro Nenni 34，Pastorano，Caserta
Tel./Fax +39 0039 0823871309

齐贝洛火腿 D.O.P. 保护协会
Piazza Garibaldi 34，Zibello（PR）
Tel. +39 0524 99131
Fax +39 0524 939100
info@consorziodituteladelculatellodizibello.com
consorziodituteladelculatellodizibello.com

芳缇娜奶酪 D.O.P. 保护协会
Regione Borgnalle 10/L，Aosta
Tel. +39 0165 44091
Fax +39 0165 262159
info@consorzioproduttorifontina.it
www.fontina-dop.it

戈贡佐拉奶酪 D.O.P. 保护协会
Via Andrea Costa 5C，Novara
Tel. +39 0321 626613
Fax +39 0321 390936
info@gorgonzola.com
www.gorgonzola.it

哥瑞纳 - 帕达诺奶酪 D.O.P. 保护协会
Via XXIV Giugno 8，Desenzano del Garda（BS）
Tel. +39 030 9109811
Fax +39 030 9910487
Info@granapadano.it
www.granapadano.it

科隆纳塔盐渍肥猪肉 I.G.P. 保护协会
Piazza Palestro 3b，Colonnata（MS）
Tel. +39 0585 768069
asstutlardocolonnata@tiscali.it

诺尔恰卡斯特鲁奇奥扁豆 I.G.P. 农业合作社
Via Bufera 17，Località Castelluccio di Norcia
（PG）
info@lenticchiaigpcastelluccio.it
www.lenticchiaigpcastelluccio.it

阿马尔菲柠檬 I.G.P. 保护协会
C.so Reginna 71，Maiori（SA）
info@limonecostadamalfiigp.com
www.limonecostadamalfiigp.com

卡拉布里亚洋甘草 D.O.P. 自然协会
Nature med
Corso Luigi Fera 79，Cosenza
Tel. +39 0984 407763
Fax +39 0984 393495

卢尼贾纳蜂蜜 D.O.P. 保护协会
Piazza A. De Gasperi，Fivizzano（MS）
Fax +39 0585 790854
www.mieledellalunigiana.it

坎帕纳水牛马苏里拉奶酪 D.O.P. 保护协会
Viale Carlo III 156，San Nicola La Strada（CE）
Tel. +39 0823 424780
Fax +39 0823 452782
info@mozzarelladop.it
www.mozzarelladop.it

皮埃蒙特榛果 I.G.P. 榛果保护协会
Corso Umberto I 1，Bossolasco（CN）
Tel. +39 0173 210311
Fax +39 0173 212223
info@nocciolapiemonte.it
www.nocciolapiemonte.it

利古里亚里维埃拉特级初榨橄榄油 D.O.P. 保护协会
Via T. Schiva 29， Imperia
Tel. +39 0183 767924
Fax +39 0183 769039
info@olivieraligure.it
www.olivieraligure.it

托斯卡纳特级初榨橄榄油 I.G.P. 保护协会
Via della Villa Demidoff 64/D，Firenze
Tel. +39 055 3245732
info@oliotoscanoigp.it
www.oliotoscanoigp.it

阿斯科利皮切诺橄榄肉丸 D.O.P. 保护协会
Via Ruffini 9，Ascoli Piceno
Tel. +39 0736 277927
Fax +39 0736 277925

阿尔塔姆拉脆皮面包 D.O.P. 保护协会
Via Lisbona 8，Altamura（BA）
Tel. +39 080 3142084
Fax +39 080 3142084
info@consorziopanedialtamura.it
info@consorziopanedialtamura.it

帕尔玛奶酪 D.O.P. 保护协会
Via Kennedy 18，Reggio Emilia
Tel. +39 0522 307741
Fax +39 0522 307748
staff@parmigianoreggiano.it
www.parmigianoreggiano.it

佩科里诺罗马诺奶酪 D.O.P. 保护协会
Corso Umberto I 226，Macomer（NU）
Tel. +39 0785 70537
Fax +39 0785 72215
info@pecorinoromano.com
www.pecorinoromano.com

布龙泰开心果 D.O.P. 保护协会
Piazza Nunzio Azzia 14，Bronte（CT）
Tel. +39 095 7723659
Fax +39 095 691373

帕基诺番茄 I.G.P. 保护协会
Via Nuova，Frazione Marzamemi，Pachino（SR）
Tel. +39 0931 595106
Fax +39 0931 595106
segreteria@igppachino.it
www.igppachino.it

帕尔玛火腿 D.O.P. 保护协会
Largo Calamandrei 1/A，Parma
Tel. +39 0521 246211
info@prosciuttodiparma.com
www.prosciuttodiparma.com

特雷维索菊苣 I.G.P. 保护协会
Piazzale indipendenza 2，Quinto di Treviso（TV）
Tel. +39 0422 486073
Fax +39 0422 489413
consorzio@radicchioditreviso.it

韦尔切利比耶拉大米 D.O.P. 保护协会
Via Fratelli Bandiera 16，13100 Vercelli
Tel. +39 0161 283811
Fax +39 0161 257425
info@risobaraggia.com
www.risobaraggia.it

瓦尔齐萨拉米香肠 D.O.P. 保护协会
Piazza Umberto I 1，Varzi（PV）
info@consorziovarzi.it
www.consorziodituteladelsalamedivarzi.it

上阿迪杰烟熏火腿 I.G.P. 保护协会
Via Portici 71，Bolzano
Tel. +39 0471 300381
Fax +39 0471 302091
info@speck.it
www.speck.it

阿尔巴白松露 P.A.T. 国家研究中心
Piazza Risorgimento 2，Alba（CN）
Tel. +39 0173 228190
info@tuber.it
www.tuber.it

拉奎拉藏红花 D.O.P. 保护协会
Via Risorgimento 3，Civitaretenga，Navelli（AQ）
Tel. +39 0862 959163
coopaltopianodinavelli@virgilio.it
www.zafferanodop.it

意大利百味来烹饪学院

向世界传播意大利烹饪的使者

　　帕尔玛被公认为是意大利著名的美食之都，百味来中心就在帕尔玛的中心位置，如今那里坐落着意大利百味来烹饪学院的现代化大楼。百味来成立于 2004 年，旨在传播意大利烹饪艺术，保护意大利区域美食文化遗产，捍卫它们免受假冒伪劣产品的危害，并致力于保存意大利烹饪传统。百味来会聚了世界上美食领域优秀的专业人才，经常为广大美食文化爱好者举办各类烹饪课程，为该行业的经营者提供细致专业的服务，并提供品质无与伦比的产品。因为长期致力于推广世界美食文化和挖掘意大利美食创意，意大利百味来烹饪学院获得了"商业文化奖"的荣誉。

　　百味来总部一直在努力通过各种课程满足食品制作领域的各种教育性需求。总部拥有精致的美食工作室、内部餐厅、多传感实验室以及若干融合了先进理念和技术的教室等多种多媒体工具和设备，以便举办丰富多彩的大型活动。它的美食博物馆里不但藏有 12000 部书籍，按照各个话题排列整齐，还收藏了很多罕见的古老的菜单和烹饪艺术印刷品，任何人都可以在线浏览图书馆的所有收藏，访问大量数字化文本。这种具备前瞻性思维的组织和由国际知名专家组成的团队确保能为所有人提供丰富的课程，足以满足餐饮专业人士和单纯的美食爱好者的不同需求。此外，百味来也会积极举办和倡导各种文化活动，美食专家、厨师和美食评论人士都会参与，一起向普通大众普及烹饪科学。自 2012 年起，百味来一直是世界意大利面大赛的主办者，在该大赛中，全世界的厨师共聚一堂，分享各自的美食文化。

图片版权

77 and 81, courtesy of Consorzio di Tutela della Cipolla Rossa di Tropea Calabria I.G.P.; 145, konturbid/123RF; 244, anzeletti/Getty Images; 249, lenzeriniadv/iStockphoto

图片版权